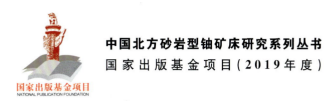

中国北方砂岩型铀矿床研究系列丛书

国家出版基金项目（2019年度）

巴音戈壁盆地扇三角洲砂岩铀矿床

Fan delta Type Sandstone-hosted Uranium Deposit in Bayingobi Basin

彭云彪　焦养泉　刘　波　等著

Peng Yunbiao, Jiao Yangquan, Liu Bo, et al. (Eds.)

著　者　名　单

彭云彪　焦养泉　刘　波　陈安平

侯树仁　吴立群　李　鹏　门　宏

王　强（水文）　孙钰函　李　颖

中国地质大学出版社

内容摘要

巴音戈壁盆地位于内蒙古自治区西部,塔木素铀矿床是在该盆地发现的首个特大型砂岩铀矿床。该矿床形成于盆地断拗转换构造背景下,赋存于下白垩统巴音戈壁组上段扇三角洲砂体中,属层间氧化带型砂岩铀矿床。但是,该矿床形成后经历了多次的热液叠加改造作用,从而与典型层间氧化带型砂岩铀矿床明显不同,具有很强的特殊性。本书系统阐述了矿床形成的地质背景和控矿要素,总结了铀成矿规律以及矿床、矿体和矿石特征,建立了扇三角洲铀成矿作用模式。

图书在版编目(CIP)数据

巴音戈壁盆地扇三角洲砂岩铀矿床/彭云彪等著. —武汉:中国地质大学出版社,2023.12
ISBN 978-7-5625-5744-9

Ⅰ.①巴… Ⅱ.①彭… Ⅲ.①鄂尔多斯盆地-砂岩型铀矿床-成矿条件 Ⅳ.①P619.14

中国国家版本馆 CIP 数据核字(2023)第 249973 号

巴音戈壁盆地扇三角洲砂岩铀矿床	彭云彪 焦养泉 刘波 等著
责任编辑:王凤林 张燕霞	责任校对:何澍语
出版发行:中国地质大学出版社(武汉市洪山区鲁磨路388号)	邮编:430074
电 话:(027)67883511 传 真:(027)67883580	E-mail:cbb@cug.edu.cn
经 销:全国新华书店	http://cugp.cug.edu.cn
开本:880毫米×1230毫米 1/16	字数:345千字 印张:11
版次:2023年12月第1版	印次:2023年12月第1次印刷
印刷:湖北睿智印务有限公司	
ISBN 978-7-5625-5744-9	定价:128.00元

如有印装质量问题请与印刷厂联系调换

"中国北方砂岩型铀矿床研究系列丛书"
序

铀矿是国内外重要的能源资源之一。铀矿的矿床类型很多,其中砂岩型铀矿是日益引起重视的矿床类型,具有浅成、易采、开发成本低、规模较大的优势。这类矿床在成因上比较特殊,不是岩浆、变质热液的成因类型,而是表层低温含铀流体交代、堆积的成因类型。

我国从20世纪50年代起就开始对砂岩型铀矿进行勘查,最早在伊犁盆地取得了找矿的突破,并建成了国内第一个地浸开采的砂岩型铀矿矿山。从21世纪开始在北方盆地开展砂岩型铀矿的勘查和科研工作,取得了找矿的重大突破,为国家建立了新的铀矿资源基地及开发基地。在这方面,中国核工业集团下属的核工业二〇八大队,一支国家功勋地质队,做出了突出贡献,先后在鄂尔多斯盆地、二连盆地和巴音戈壁盆地取得了找矿的重大突破,找到一批超大型、特大型、大型、中小型等砂岩型铀矿床及矿产地,并与中国地质大学(武汉)展开合作,在铀矿成矿理论方面亦取得了创新性成果,功不可没。

由彭云彪同志和焦养泉同志组织编撰的包含《内蒙古中西部中生代产铀盆地理论技术创新与重大找矿突破》在内的五部铀矿专著,系统地总结了鄂尔多斯盆地、二连盆地和巴音戈壁盆地砂岩型铀矿床的成矿特征,是我国铀矿找矿及成矿理论创新的重要成果。其主要体现在以下3个方面。

(1) 在充分吸取国外"次造山带控矿理论""层间渗入型成矿理论"和"卷型水成铀矿理论"等成矿理论的基础上,针对内蒙古中生代盆地铀矿成矿条件,提出了"古层间氧化带型""古河谷型"和"同沉积泥岩型"等铀矿成矿的新认识,创新了铀矿成矿理论。

(2) 在上述新认识的指导下,发现和勘查了一批不同规模的砂岩铀矿床,多次实现了新地区、新层位和新类型的重大找矿突破,填补了我国超大型砂岩铀矿床的空白,在鄂尔多斯盆地、二连盆地和巴音戈壁盆地中均落实了万吨级及以上铀矿资源基地,在铀矿领域,找矿成果和勘查效果居国内榜首,为提升我国铀矿资源保障程度做出了贡献。

(3) 该系列专著主线清晰、重点突出,既体现了产铀盆地的整体分析思路,也对典型矿床进行了精细解剖,还有面对地浸开采的前瞻性研究,给各地砂岩型铀矿的找矿工作提供了良好的素材和典型案例。

总之，这五部铀矿专著是在多年勘查和研究积累的基础上完成的，自成体系，具有很强的实用性和创新性。因此，该套丛书的出版，对我国铀矿床勘查与成矿理论探索研究具有重要的参考价值，为从事砂岩型铀矿勘查、科研和教学的广大地质工作者提供了十分丰富有用的参考资料。

2019 年 1 月

"中国北方砂岩型铀矿床研究系列丛书"
前　言

铀矿是我国紧缺的战略资源,也是保障国家中长期核电规划的重要非化石能源矿产。自20世纪末以来,我国开展了大规模的砂岩型铀矿勘查和研究,促成了系列大型—超大型铀矿床的重大发现和突破,如今可地浸砂岩型铀矿已成为我国铀矿地质储量持续增长的主要矿床类型,也由此彻底改变了我国铀矿勘查和开发的基本格局,事实证明国家勘查的重点由硬岩型向砂岩型转移是一项重大的英明决策。

在这一系列的重大发现和找矿突破中,位于内蒙古中西部的鄂尔多斯、二连和巴音戈壁三大盆地具有率先垂范和举足轻重的作用。在中国核工业地质局的统一部署下,核工业二〇八大队作为专业的铀矿勘查队伍,自2000年以来先后在三大盆地发现了包括著名的大营铀矿床、努和廷铀矿床在内的2个超大型、3个特大型、4个大型、1个中型和1个小型铀矿床,取得了重大找矿突破。在此期间,与具有传统优势学科的中国地质大学(武汉)开展了无间断的长期合作,其互为补充的友好合作被业界誉为"产、学、研"的典范。

由项目负责人彭云彪总工程师和学科带头人焦养泉教授策划组织编撰的"中国北方砂岩型铀矿床研究系列丛书"(5册),是对三大盆地铀矿重大勘查发现和深入研究成果的理论性技术的系统总结。组织编撰的五部专著各具特色,既有对以往成果的总结,也有前瞻性的探索,构成了一个严谨的知识体系。其中,第一部专著包含了三大盆地,是对区域成矿规律、成矿模式和勘查理念的系统总结;第二部、第三部和第四部专著分别是对单一盆地、不同成因类型铀矿床的精细解剖;第五部专著通过铀储层地质建模的前瞻性探索研究,深入揭示铀成矿机理和积极应对未来地浸采铀面临的"剩余铀"问题。该丛书被列入2019年度国家出版基金资助项目。

"中国北方砂岩型铀矿床研究系列丛书"的编撰出版,无疑将适时地、及时地反映我国铀矿地质勘查与科学工作者的最新研究成果,所总结的勘查实例、找矿标志、成矿规律和成矿理论认识与实践经验,可供有关部门指导我国陆相盆地不同成因砂岩型铀矿的勘查部署和科研工作。在欧亚成矿带上,其他国家对砂岩型铀矿的勘查与研究基本处于停滞状态,而中国境内却捷报频传,理论知识不断加深,应运而生的这五部专著不仅具有鲜明的地域特色和类型特征,而且必将成为欧亚成矿带东段铀矿地质特征与成矿规律的重要补充,因而具有丰富世界砂岩型铀矿理论,供国内外同行借鉴、对比、交流和参考的重要意义。尤其值得肯定的是,面对陆相盆地不同成因砂岩型铀矿而采取的有效勘查部署和研究思路,以及分别总结的找矿标志、成矿规律和勘查模式具有科学性和先进性。

综上所述,系列专著的编撰出版,丰富了世界砂岩型铀矿理论,对于指导我国不同地区类似铀矿勘查具有重要意义。

《巴音戈壁盆地扇三角洲砂岩铀矿床》
前 言

砂岩型铀矿是目前国内外最为关注的铀矿类型之一,也是我国铀矿重点找矿与开发的重点。20世纪90年代以来,核工业二〇八大队在内蒙古鄂尔多斯盆地和二连盆地发现了一批砂岩铀矿床。为进一步扩大找矿规模,寻找埋藏浅、储量大、经济可采的层间氧化带型砂岩铀矿床,核工业二〇八大队对巴音戈壁盆地开展了砂岩型成矿预测与找矿工作。

巴音戈壁盆地位于内蒙古自治区西部,是我国重要的中新生代沉积盆地之一。盆地全面开展找铀的工作始于20世纪80年代,90年代主要开展了1:20万地质、伽马能谱、水化学区调工作及局部地段航放、航磁测量工作,在测老庙地段进行过勘查。20世纪90年代,在中国核工业地质局的统一部署下,核工业二〇八大队在巴音戈壁盆地开展了系列编图研究工作,初步筛选并确认了塔木素铀成矿远景区。2004年,核工业二〇八大队在塔木素远景区内首次发现工业铀矿孔,经过多轮调查、预查与普查等工作,将塔木素落实为特大型砂岩铀矿床,取得了铀矿找矿成果的重大突破和砂岩型铀成矿理论的创新。与此同时,中国地质大学(武汉)、东华理工大学、核工业北京地质研究院等专家学者针对塔木素铀矿床含铀岩系、成矿规律、矿石物质组分等开展了专项研究。

本书在综合整理前人工作成果及认识的基础上,简明扼要地阐述了塔木素铀矿床的研究意义与勘查历史,概述了巴音戈壁盆地铀成矿区域地质背景、盆地构造演化特征,指出了塔木素铀矿床形成于盆地断拗转换的构造背景下。从层序地层学研究入手,全面构建了巴音戈壁组上段的等时地层格架,确认含铀岩系主要由扇三角洲沉积体系构成,扇三角洲内部的骨架砂体是铀成矿的主要载体,成因类型属于层间氧化带型砂岩铀矿床,但是铀矿床形成后经历了多次的后期热液叠加改造作用。从矿床学角度,开展了岩石地球化学、矿床地球化学以及成矿年代学特征研究,系统阐述了矿床形成的地质背景和关键控矿要素的耦合关系,总结了铀成矿规律、矿床特征、矿体特征和矿石特征。研究发现,塔木素铀矿床在沉积体系、矿体产出特征、赋矿岩性特征、矿化特征、铀存在形式和地下水化学特征等方面与典型层间氧化带型砂岩铀矿床明显不同,具有很强的特殊性。由此,建立了扇三角洲铀成矿作用模式。

为便于读者了解断陷盆地断拗转换阶段新型砂岩铀矿床的基本特点,本书既保留了大量的第一手原始地质资料,又补充了大量专家学者的相关研究成果,充分展现了塔木素铀矿床的整体性、独特性和复杂性,这是对砂岩型铀矿研究的重要补充。

本书由彭云彪、焦养泉和刘波同志组织编撰。全书共分8章:第一章简要介绍了矿床研究的地质意义和发现过程,第二章介绍了盆地铀成矿的区域地质背景,第三章介绍了矿床含矿层等时地层格架、空间分布规律、沉积体系和水文地质特征等,第四章介绍了矿体特征和矿石特征,第五章介绍了矿床地球化学特征及成矿年代学,第六章介绍了铀源、构造、沉积体系、水文地质、岩石地球化学等关键控矿要素和区域铀成矿规律,第七章介绍了铀成矿作用、矿床成因及成矿模式,第八章对矿床成矿特征进行了总结。

本书是对核工业二〇八大队在巴音戈壁盆地铀矿地质工作20年的总结,是每位参与巴音戈壁盆地铀矿地质工作人员智慧的结晶。参与项目的研究人员还有东华理工大学聂逢君教授,核工业北京地质研究院罗毅研究员,核工业二〇八大队张良、王俊林、戴明建、王强(地质)、董续舒、叶茂、王浩锋、陈凤兴、高俊义、张林、梁启端、赵永生、张青海、于海飞、崔伟、李西德、王永君等,在此一并致以衷心谢意!

本书旨在为今后开展塔木素矿床铀矿地质研究和巴音戈壁盆地铀矿找矿提供参考,为我国北方中新生代沉积盆地砂岩型铀矿找矿工作提供借鉴。本书既可供从事铀矿地质勘查与科研的地质工作者和高校师生及科研院所研究人员参阅,又可作为行业培训人员、研究生和本科高年级学生的参考书。

由于编者水平有限,敬请广大读者对书中不当之处批评指正。

彭云彪　焦养泉　刘波
2023年2月1日

目　录

第一章　绪　论	(1)
第一节　矿床研究进展及意义	(1)
第二节　矿床勘查研究进展	(3)
第二章　铀成矿的区域地质背景	(7)
第一节　盆地基底和盖层	(8)
第二节　盆地构造格架	(13)
第三节　岩浆活动	(22)
第四节　盆地构造演化与铀成矿响应	(24)
第三章　矿床地质	(29)
第一节　巴音戈壁组上段等时地层格架	(29)
第二节　铀储层砂岩特征与空间分布规律	(43)
第三节　沉积体系分析	(54)
第四节　水文地质特征	(68)
第五节　岩石地球化学特征	(69)
第四章　矿体地质	(86)
第一节　矿体特征	(86)
第二节　矿石特征	(92)
第五章　矿床地球化学及成矿年代学	(113)
第一节　主量地球化学特征	(113)
第二节　稀土元素微量元素地球化学特征	(117)
第三节　同位素地球化学特征	(123)
第四节　铀成矿年代学	(124)
第六章　关键控矿要素分析	(128)
第一节　物源与铀源条件	(128)
第二节　构造要素	(135)
第三节　沉积学要素	(138)
第四节　水文地质要素	(142)
第五节　岩石地球化学要素	(144)
第七章　矿床成因及成矿模式	(148)
第八章　结　论	(155)
主要参考文献	(158)

第一章 绪 论

第一节 矿床研究进展及意义

以水成铀矿理论及预测评价方法为依据,研究团队在我国北方中新生代沉积盆地开展了系统的砂岩型铀矿预测评价研究及找矿工作,并在伊犁盆地南缘、吐哈盆地南缘、鄂尔多斯盆地北部、二连盆地和松辽盆地均发现了砂岩铀矿床。但是,我国不同中新生代沉积盆地在成矿条件、控矿要素、成矿特征和预测评价标志等方面均具有诸多的特殊性,与国外典型层间氧化带型砂岩铀矿床明显不同,巴音戈壁盆地塔木素铀矿床更具有明显的独特性。

一、国内外研究进展

20世纪60—70年代,美国地质学家对怀俄明盆地、科罗拉多高原和南得克萨斯等砂岩铀矿床的成矿物质来源、矿床成因、成矿模式等进行了深入研究和系统总结,建立了著名的卷型铀矿床成矿理论及矿床模式,阐明了层间氧化带砂岩型铀矿的成矿地质条件和机理,建立了怀俄明、科罗拉多和南得克萨斯式等几种不同类型砂岩铀矿床的成矿模式及找矿标志。其中具代表性的研究者有 H H Adler、B J Sharp、W I Finch、R I Rackley、E N Harshman、S S Adams、C G Warren、H C Granger、W R Keefer、J W King、D H Eargle、W F Galloway、J S Stuckless 等。这些研究成果不仅为怀俄明、科罗拉多和南得克萨斯地区的铀成矿规律总结和找矿预测及新矿床的发现做出了重要贡献,而且为水成铀矿理论的建立和发展打下了扎实的基础。

20世纪50年代,苏联在中亚地区发现了大量可地浸砂岩铀矿床,自70年代起,А И 别列里曼、Р И 戈利得什金、К Г 布洛文、М В 舒尔林、В И 肖托奇金、В А 格拉博夫尼科夫等苏联铀矿地质学家,对中亚地区砂岩型铀矿床的成矿环境、形成机理、成矿模式等进行了深入、系统的研究,提出了一套完整的层间渗入铀成矿理论和找矿标志,进一步完善了水成铀矿理论(狄永强,夏同庆等译,1996)。通过对层间氧化带砂岩型铀矿床形成的大地构造背景研究,Р И 戈利得什金等(1994)提出了著名的"次造山带理论",并通过找矿实践,形成了一套比较系统的层间氧化带砂岩型铀矿的找矿预测及勘查准则和方法。因此,不难看出,苏联地质学家在砂岩型铀成矿有利构造的研究中,次造山作用在铀矿化的定位中起着巨大的作用,控矿的层间氧化带一般形成于次造山阶段,盆地次造山带的发育程度被认为是进行铀矿预测评价的重要因素之一。中亚地区已有的层间氧化带砂岩型铀矿床在空间上基本与年轻的次造山带有紧密联系,还见其赋存在新近纪—第四纪的构造活化区。

伊犁盆地和吐哈盆地与哈萨克斯坦、乌兹别克斯坦境内的天山地区同属于天山铀成矿省,属天山造山带中的山间盆地,两盆地与境外卡拉套铀成矿区、恰特卡洛-库拉明铀成矿区、费尔干纳铀成矿区和东吉尔吉斯斯坦铀成矿区相邻(赵凤民,2013),具有类似的成矿特征,建立了"伊犁式"铀成矿模式,属典型层间氧化带型砂岩铀矿床（张金带等，2010）。鄂尔多斯盆地北部皂火壕等古层间氧化带型砂岩铀矿床的成矿构造背景、成矿特征和找矿标志具有很强的特殊性，构造活动和后生还原作用导致岩石地球化学环境、古水文地质条件、铀成矿作用过程等多变而复杂，建立了"东胜式"古层间氧化带型铀成矿模式，与国内外层间氧化带型铀矿床明显不同。二连盆地马尼特坳陷巴彦乌拉铀矿床为古河谷型砂岩铀矿床。该类型矿床的构造背景、含矿沉积建造、控制含氧含铀水渗入的构造活化条件等与典型层间氧化带型、俄罗斯古河谷型和古河道型铀矿床具有明显的不同，建立了"巴彦乌拉式"古河谷型铀成矿模式。二连盆地努和廷铀矿床属同沉积泥岩型铀矿床，裂后热沉降是控制晚白垩世铀源持续供给、湖泊稳定发育和持续铀矿化的重要构造背景，铀富集成矿形成于湖泊扩张体系域3次主要的湖泛事件，由此建立了"努和廷式"同沉积泥岩型铀成矿模式。松辽盆地钱家店铀矿床经历原生沉积预富集阶段、油气与煤层气还原再富集阶段和层间氧化叠加成矿阶段，由构造天窗渗入氧化水形成局部层间氧化带及铀沉淀富集成矿，建立了"松辽式"铀成矿模式。

焦养泉等（2018）将铀成矿的还原介质划分为铀储层内部还原介质（如砂体中的碳质碎屑和黄铁矿等）和外部还原介质（如煤层、暗色泥岩和含烃流体等），指出矿床内铀的卸载多为铀储层内部和外部还原介质共同作用的结果，有时外部还原介质起到了关键作用。聂逢君等（2017）在研究松辽盆地钱家店铀矿床的蛇绿岩脉与铀成矿关系的基础上，认为盆地深部的热流体与铀成矿作用较密切，促进了盆地内铀的萃取、运移和富集成矿。Liu等（2021）对比分析了中亚成矿域兴蒙地区盆地中的C-O-S同位素，认为叠合盆地地壳深部的碳和砂岩中的还原介质明显参与了成矿作用，油气的还原作用不明显；克拉通盆地内铀成矿有关的还原介质为多组分叠加的复杂体系，砂体中的还原介质、盆地深部的油气、煤层气、煤层和地壳深部来源的碳均参与了铀成矿作用。

不同学者建立了一系列矿床成矿模式，主要为两种类型：一种为强调盆地表生流体参与铀成矿作用，含铀含氧水顺盆地边缘向盆地内运移，在含铀含氧水与地层中的有机质和深部的油气发生还原作用或者发生流体混合，形成铀矿化（焦养泉等，2015a，2023；荣辉等，2016；刘波等，2018）；另一种则强调盆地深部流体作用，深部的热流体将盆地基底岩体和地层中的铀进行萃取、运移，在地表浅部与表生的氧化流体发生氧化还原反应形成铀矿化（聂逢君等，2017）。

通过对上述盆地铀成矿条件和成矿特征研究，取得了砂岩型铀成矿理论的创新性认识，创建了具有中国特色的铀成矿模式，进一步补充和完善了水成铀矿理论，促进了我国北方砂岩型铀矿找矿的跨越式发展。

二、矿床研究的地质意义及重要性

在伊犁盆地南缘发现了蒙其古尔、乌库尔其、扎吉斯坦、洪海沟等铀矿床，在吐哈盆地南缘发现了十红滩铀矿床，上述为典型层间氧化带型砂岩铀矿床；在鄂尔多斯盆地北部发现了皂火壕、柴登壕、纳岭沟、大营、巴音青格利等古层间氧化带型砂岩铀矿床；在二连盆地发现了努和廷、巴彦乌拉、哈达图等同沉积泥岩型铀矿床和古河谷型砂岩铀矿床；在松辽盆地发现了钱家店砂岩铀矿床，铀矿形成以后油气还原作用使得氧化砂体部分发生二次还原，类似于鄂尔多斯盆地古层间氧化带型铀矿床，但由于二次还原作用介质和强度的不同，岩石地球化学特征及预测评价标志与鄂尔多斯盆地古层间氧化带型砂铀矿床又具有明显不同。由此可以看出，我国不同的中新生代沉积盆地在成矿条件、控矿要素、成矿特征和预测评价标志等方面存在明显差异，均具有储多的特殊性。

同时，国际上传统的"次造山带控矿理论""层间渗入成矿理论"和"卷型水成铀矿理论"所提出的基本原理是放之四海而皆准的普遍真理，普遍被铀矿地质工作者接受，并有效指导了砂岩铀矿的预测评价工作。但是，上述铀成矿理论具体到我国每一个中新生代沉积盆地在铀成矿构造背景、成矿条件、控矿要素、成矿特征和预测评价标志等某个方面并不完全适用。例如，鄂尔多斯盆地北部伊陕单斜构造在中侏罗世晚期—一直到新近纪黄河断陷形成之前相对稳定抬升的继承性构造演化作用，决定了直罗组在长期风化剥蚀过程中古水动力环境继承了直罗组沉积过程中的地下水的补、径、排方向，为含氧含铀水长期稳定的层间渗入及氧化作用，铀的迁移、沉淀和富集创造了极为有利的构造条件，并不存在明显的次造山构造运动对铀成矿的控制作用；卷状矿体对层间氧化带型砂岩铀矿床而言具有普遍性，但是我国砂岩铀矿床以板状矿体为主，基本上不具有卷状矿体的形态特征，尤其在含石油、天然气和煤层等能源盆地中更为普遍，但造成这一现象的原因有待进一步研究。因此，不同的沉积盆地并不具有完全一致的砂岩铀成矿构造背景、成矿条件、控矿要素、成矿特征和预测评价标志等，巴音戈壁盆地塔木素砂岩铀矿床更是如此。

塔木素铀矿床独特性主要体现在以下方面：铀成矿作用是在断陷盆地断坳转换构造背景下形成的；铀矿化赋存于扇三角洲砂体中；矿床在形成后经历了多次后期叠加改造，尤其热改造作用明显，赋矿砂岩的成岩度较高；铀矿物普遍与金属硫化物共生；含矿层地下水具有高盐度、高矿化度的特点；以与典型层间氧化带型砂岩铀矿床不同的板状矿体为主。

综上所述，有必要对巴音戈壁盆地塔木素砂岩铀矿床开展进一步系统和深入研究，对该矿床形成的构造背景、沉积体系与铀矿化空间耦合关系及成因联系、岩石地球化学特征、铀矿化特征、控矿要素及铀成矿作用、后生改造过程等进行进一步系统分析、归纳和解释，综合考虑各种地质因素，建立砂岩型铀成矿模式新类型。这对面积大、工作程度低的巴音戈壁盆地开展进一步的砂岩铀矿预测评价工作具有十分重要的指导意义，对我国北方中新生代沉积盆地砂岩铀矿找矿工作也具有重要的参考价值，将促进砂岩型铀成矿理论的进一步完善，为广大从事砂岩铀矿预测评价、科研和教学的地质工作者提供有用的参考资料。

第二节 矿床勘查研究进展

一、前人研究进展

巴音戈壁盆地的铀矿地质工作开始于20世纪50年代。1959年，内蒙古第三地质队、第二机械工业部西北一八二大队、核工业航测遥感中心和地质矿产部102队、901航测队在盆地东部地区开展了第一轮地面伽马和航空放射性测量工作。期间，核工业一八二队内蒙古第三地质队在盆地发现了测老庙矿床（点）及大量异常点。

20世纪80年代，核工业二〇八大队、核工业二一七大队、核工业西北地质局二一三大队、核工业二〇三研究所及核工业航测遥感中心、核工业北京地质研究院再次开展了盆地东部地区伽马能谱、活性炭、钋法、航空放射性测量及放射性水化学测量工作。期间，核工业二〇八大队、核工业二一七大队先后在本巴图和银根东部塔布陶勒盖601矿点等一带开展过钻探揭露工作，发现了测老庙3634、67148、9131矿床和601等矿点在内的一批铀矿化异常点带。

20世纪90年代，随着国家铀矿战略转为主攻可地浸砂岩型，核工业二一七大队、核工业二〇八大队、核工业二〇三研究所及航测遥感中心收集利用前人资料，进一步对盆地东部地区进行了综合研究和编图工作。1996年，由核工业二〇八大队完成的"内蒙古巴音戈壁盆地可地浸砂岩铀矿成矿水文地质条件研究及编图"，圈出了测老庙、塔木素、哈日凹陷等铀水异常区，并与灰色层的分布相吻合，对地下水中铀含量作了分析，一般为$1\times10^{-5}\sim1\times10^{-4}\mu g/L$。1995年至1996年3月，由核工业二〇三研究所完成的"内蒙古苏红图盆地特殊类型层间氧化带型铀成矿远景及地浸条件研究"指出巴音戈壁组上段也具备形成层间氧化带的条件。

巴音戈壁盆地塔木素地区的铀矿工作起步于20世纪90年代。1997—1998年核工业二一七大队完成了全区"1∶50万巴音戈壁盆地砂岩型铀矿选区"工作,划分了铀成矿远景区段,圈定了具有层间氧化带砂岩型铀成矿远景区4片、古河谷型铀成矿远景区6片、土黄色碎裂玄武岩后生铀矿化远景区1片。同时,核工业二〇八大队先后开展了1∶50万构造物探研究及编图、1∶50万可地浸砂岩铀成矿水文地质条件研究及编图等工作。2000—2001年核工业二〇八大队运用砂岩型铀成矿理论,对巴音戈壁盆地的因格井坳陷和银根坳陷开展了铀矿区调工作,预测铀成矿远景区5片,圈定的因格井坳陷塔木素地区为砂岩型铀成矿远景区,对本区进一步开展砂岩铀矿找矿工作具有指导意义。

二、本次研究进展

2003—2005年,核工业二〇八大队完成了"内蒙古巴音戈壁盆地地浸砂岩型铀矿预测与成矿条件研究"课题,通过资料收集与野外调研,经综合分析研究,预测了塔木素地区巴音戈壁组上段层间氧化带前锋线的位置,并圈定了铀成矿远景区。此外,核工业二〇八大队通过"内蒙古巴音戈壁盆地地浸砂岩型铀资源调查评价(2003—2005年)"工作,对塔木素铀成矿远景区进行了大间距带钻查证,完成钻探工作量9 146.82m/24孔,其中矿床范围内(H23—H104线)完成了2 078.62m/5孔;通过钻探查证,在塔木素地区下白垩统巴音戈壁组上段初步控制了扇三角洲平原和前缘对铀成矿有利的砂体。砂体单层厚度一般在15~30m之间,砂体相对稳定,延伸较远。砂体中发育褐铁矿化和赤铁矿化,层间氧化作用明显,同时发现了4个砂岩型工业铀矿孔,预示着该区具有良好的铀成矿前景。

该时期,核工业航测遥感中心开展了"内蒙古阿拉善右旗塔木素地区浅层地震勘探(2003年)"工作,完成6条地震勘探线(图1-1),通过对地震时间剖面的解释,确定了区内8个标准反射层,建立了上、下白垩统的层序,并结合"三瞬"剖面特征分析,对其砂体分布进行了推断。该工作推断解释了断裂构造6条,基本上查清了本区的构造格架;勾画了下白垩统巴音戈壁组上、下岩段的底板埋深及上岩段的厚度;确定了上、下白垩统的接触关系是总体以不整合接触为特点,局部呈断层接触。对工作区5、6勘探线南部出露的下白垩统巴音戈壁组进行了重新认定,根据地震资料的反射波组特征分析,认为其应属上白垩统。根据各种资料的综合分析,在区内圈定了克德更哈尔陶勒盖西南地带和额勒森铁布科北部地带两个铀成矿有利区段。

2006—2007年,核工业二〇八大队开展了"内蒙古巴音戈壁盆地塔木素—银根地区1∶25万铀资源区域评价"工作(中国地质调查局下达),完成钻探工作量12 902.97m/27孔(矿床范围内完成了钻探工作量2 529.60m/5孔)。本次研究团队在下白垩统巴音戈壁组上段中新发现砂岩型和泥岩型工业铀矿孔5个(累计工业铀矿孔8个)、铀矿化孔11个。层间氧化带前锋线的含矿程度进一步扩大,矿带长度扩大到5.2km,矿带连续性较好。扇三角洲平原和前缘成因相组合是铀成矿的主要部位。

2006—2009年,核工业二〇八大队和东华理工大学合作开展了"巴音戈壁盆地铀成矿环境及控矿因素研究",该项目下设子课题2个,分别为"巴音戈壁盆地中新生代构造演化与白垩系沉积体系研究"和"塔木素铀矿化点物质组分与后生蚀变研究"。本次研究建立了塔木素地区和银根本巴图地区早白垩世巴音戈壁组的沉积体系框架,初步查明塔木素铀矿床铀的赋存状态及后生蚀变矿物特征,对早白垩世巴音戈壁组、苏红图组之间的划分与对比作了较全面的研究,初步探讨了早白垩世砂岩型铀成矿的远景。同时,核工业北京地质研究院开展了"内蒙古巴音戈壁盆地砂岩型铀矿成矿条件分析及铀资源潜力评价(2006—2007年)"工作,提出下白垩统巴音戈壁组上段冲积扇扇端沼化洼地、扇三角洲平原辫状河道间湾沼化洼地、扇三角洲前缘湖沼洼地是盆地铀矿赋存的有利相区。

2008—2009年,核工业二〇八大队进一步开展了"内蒙古巴音戈壁盆地塔木素地区铀矿预查"工作,累计完成钻探工作量8 762.49m,施工钻孔18个,其中矿床范围内完成钻探工作量6 721.71m/13孔。在下白垩统巴音戈壁组上段新发现硬砂岩型和泥岩型工业铀矿孔9个、铀矿化孔3个。该地段共见工业铀矿孔17个、铀矿化孔11个。确定工作区铀矿找矿类型有后生富集型(层间氧化带型)和同生沉积型两种,铀矿体主要以层间氧化带型成矿为主,少量同生沉积型。矿带长度扩大到5.6km,矿带连续性较好。

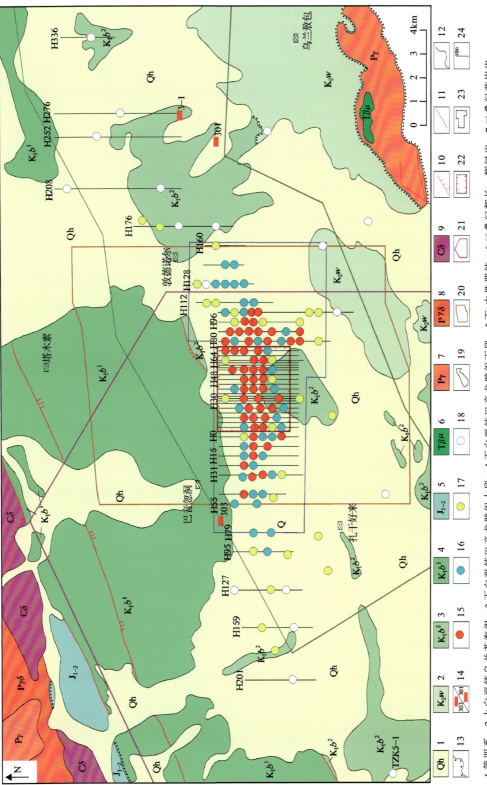

图1-1 塔木素地区工作程度图

1.第四系；2.上白垩统乌兰苏海组；3.下白垩统巴音戈壁组上段；4.下白垩统巴音戈壁组下段；5.下-中侏罗统；6.三叠纪辉长、辉绿岩；7.二叠纪花岗岩；8.二叠纪花岗闪长岩；9.石炭纪闪长岩；10.压性断裂；11.性质不明断层或清断面的压性断裂；12.实测地质界线；13.不整合地质界线；14.铀异常点反编号；15.工业铀矿孔；16.铀矿化孔；17.铀异常孔；18.无矿孔；19.2003年浅层地震测量范围；20.2011年高精度磁法测量范围；21.2014年浅层地震测量范围；22.2013—2015年普查范围；23.塔木素普查矿权范围；24.钻孔

2010—2012年,核工业二〇八大队进一步开展了"内蒙古巴音戈壁盆地塔木素地区陶勒盖地段铀矿普查"工作,按照第Ⅱ勘查类型,基本工程间距为400m×400m(局部400m×200m)和200m×100m两种,累计完成钻探工作量58 622.77m,施工钻孔85个。其中矿床范围内(H23—H104线)完成钻探工作量54 774.51m,施工钻孔78个。新发现55个工业铀矿孔、16个铀矿化孔。矿床工程网度总体停留在400m×400m的程度,仅局部可达到普查网度200m×100m,对14号主矿体控制程度不足,对3号、4号、5号等其他矿体仅作稀疏控制。

2011年,为进一步研究塔木素矿床的地层沉积充填特征,核工业二〇八大队和中国地质大学(武汉)完成了"巴音戈壁盆地塔木素地区含铀岩系层序地层与沉积体系分析研究",对塔木素铀矿床内的巴音戈壁组上段沉积体系进行了研究,系统地建立了层序地层划分标志和扇三角洲沉积体系识别标志,建立了断陷盆地断坳转换阶段的扇三角洲铀成矿模式,为矿床后期的找矿和矿床规模的扩大奠定了基础。同年,核工业航测遥感中心开展了"内蒙古阿拉善右旗塔木素地区物探测量"工作(图1-1),大致查明了区内的构造格架,推测断裂构造7条,编绘了白垩系底板等深线平面图,基本查清了基底的起伏形态、埋深和白垩系的地层结构。通过对C电性层(目的层)的分析,大致查明了找矿目的层的空间分布特征,预测了Ⅳ号、Ⅴ号和Ⅵ号砂体所在区段具有较大的成矿潜力。

2011—2012年,核工业北京地质研究院开展了"内蒙古巴音戈壁盆地车载伽马能谱调查及铀成矿条件分析"工作,完成了巴音戈壁盆地地质、物探、化探、遥感等铀成矿多源信息提取应用研究。建立了巴音戈壁盆地工作区证据权模型,开展了铀成矿远景预测与评价应用研究。划分了测老庙、本巴图A级远景区以及苏红图、银根、乌力吉、迈马乌苏和乌拉特后旗西B级远景区。

2013—2015年,核工业二〇八大队开展了"内蒙古阿拉善右旗塔木素铀矿床H8—H72线普查"工作(图1-1),其中2013年提交了2010—2013年《内蒙古阿拉善右旗塔木素铀矿床H15—H96线普查报告》,按照第Ⅱ勘查类型共投入钻探工作量63 689.45m,施工钻孔101个,基本工程间距为200m×100m～400m×200m。其中矿床(H23—H104线)共投入钻探工作量61 907.88m,施工钻孔98个。发现工业铀矿孔83个、铀矿化孔10个。矿床累计工业铀矿孔达155个,提交了矿床普查报告。为配合普查项目的开展,核工业航测遥感中心开展了"内蒙古阿拉善右旗塔木素地区西南部浅层地震勘探(2014年)",完成地震勘探剖面12条(图1-1),推断了区内6个反射层面T_3、T_4、T_5、T_6、T_7、T_g及其与地层的对应关系;对本区地震相、地层结构进行了推断解释,勾画了下白垩统巴音戈壁组上段相带分布图,认为它是自北西向南东呈完整的扇三角洲平原相扇三角洲前缘相湖相的沉积体系。推断解释断裂构造9条,基本查清了工作区断裂构造格架。推断了巴音戈壁组上段的分布范围及厚度,勾画了巴音戈壁组上段底界面和基底的埋深,解释了基底由北东向南西呈高低高的起伏形态。对巴音戈壁组上段扇三角洲砂体的分布进行了推断和阐述,并指出了铀矿找矿有利区段和砂体的展布形态,认为区内找矿层位主要为巴音戈壁组上段,中部凹陷的北部缓坡带为该区的有利成矿地段。

2016—2018年,中国核工业第四研究设计工程有限公司牵头承担和实施,核工业二〇八大队为参研单位,开展了"塔木素特大型铀矿床复杂水文地质条件及开采技术预先研究"项目。共投入水文地质钻探工作量4 080.93m,完成水文地质孔8个,采集岩石力学样品77组、岩石孔渗样品15组、各类水样品共58件,完成现场抽水试验6组。综合研究认为:巴音戈壁组上段富水性较好,不同地段含水层的渗透性存在差异;矿床虽处于地下水的径流区,但径流速度非常缓慢,基本停滞,地下水处于累盐阶段;矿山建设的外部环境较好,矿体产状平缓,横向宽度大,含矿含水层顶底板具有较好的隔水性。2018年示踪试验取得成功,并在矿床中南部圈定出具有地浸开采前景的矿体。

第二章 铀成矿的区域地质背景

依据板块构造观点及周边地区区域地质构造划分,巴音戈壁盆地位于塔里木、哈萨克斯坦、西伯利亚、华北四大板块的结合部位,地跨4个性质不同的大地构造单元(图2-1),与国内其他盆地相比,巴音戈壁盆地处于复杂多变的区域构造背景。巴音戈壁盆地的西北缘为北山构造区,属塔里木板块东北端与哈萨克斯坦板块东南端发生碰撞或对接的部位,以此缝合线为界分属南北两个板块区;盆地的东北缘为中蒙古(乌拉特后旗—阿鲁科尔沁旗)构造区,属华北板块与西伯利亚板块碰撞对接的部位,以此为界分属南北两个板块区;盆地的南缘为阿拉善陆块区(阿拉善地盾),与贺兰山陆内造山带分隔的晋陕陆块区同是华北板块的组成部分,两者之间从未发育成离散地块。宗乃山以北为晚古生代陆弧地块的构造特征,以南地区为阿拉善陆块的主体部分,属古克拉通构造背景。但经历了晚加里东、海西、印支等多期次的构造岩浆活化,具有陆缘岩浆弧的构造性质。这种多板块的结合部位构造背景复杂,构造活动差异明显,构造运动的非均匀性极易导致其上覆盖层中形成隆起和坳陷(凹陷)相间出现的局面。以宗乃山-沙拉扎山为界可划分为南部盆地带和北部盆地带,铀矿床主要分布于南部盆地带,塔木素铀矿床即位于盆地南部的因格井坳陷中,赋矿层位为下白垩统巴音戈壁组上段。

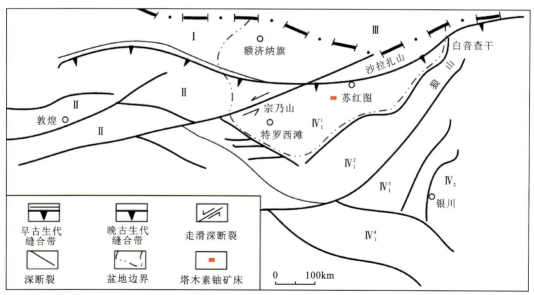

Ⅰ.哈萨克斯坦板块;Ⅱ.塔里木板块东北端;Ⅲ.西伯利亚板块;Ⅳ.华北(中朝)板块;$Ⅳ_1$.阿拉善陆块;$Ⅳ_1^1$.阿北陆缘区;$Ⅳ_1^2$.阿拉善陆隆区;$Ⅳ_1^3$.阿拉善陆拗区(断陷);$Ⅳ_1^4$.阿北(河西走廊)陆缘区;$Ⅳ_2$.晋陕陆块

图2-1 巴音戈壁盆地及周边地区板块构造图(据王平生等,2005)

第一节 盆地基底和盖层

一、盆地基底

巴音戈壁盆地基底地层主要由新太古界、元古宇、古生界组成（表2-1）。盆地基底的性质具有二元结构及南北分区特征，盆地北部苏红图—迈马地区的基底为晚古生代褶皱基底，新元古界仅零星出露；盆地南部因格井—银根—本巴图—测老庙地区基底为新太古界、元古宇中深变质的结晶基底，缺失早古生代地层，仅局部出现晚古生代地层的分布，属华北地台的组成部分。

表2-1 巴音戈壁盆地基底地层结构一览表

界	系	统	组（群）	代号	厚度/m	岩性	结构性质
古生界	二叠系	上统	哈尔苏海群	P_2H	1906	长石砂岩、粉砂岩夹灰岩、酸性火山岩	褶皱基底
		下统	阿其德组	P_1a	3508	长石硬砂岩、钙质砂砾岩、凝灰岩、凝灰熔岩、粉砂岩、熔岩	
			埋汗哈达组	P_1m	1545	钙质硬砂岩、粉砂岩、砂砾岩、钙质灰岩、长石砂岩夹灰岩	
	石炭系	上统	阿木山组	C_2a		上段为白云石大理岩、硅质白云岩、大理岩；中段为英安-流纹质凝灰岩、凝灰质砂岩、流纹岩、安山岩、玄武岩；下段为长石砂岩、千枚板岩	
	泥盆系	上统	西屏山组	D_3		长石石英砂岩、钙质砂岩、凝灰质砂岩夹变质岩	
		中统	窝托山组	D_2		长石砂岩、凝灰质砂岩夹薄层灰岩	
		中统	伊克乌苏组	D_2		砂质灰岩、生物灰岩、泥灰岩、硅质灰岩互层及钙质灰岩	
		下统	珠斯楞组	D_1		钙质砂岩、灰岩、礁灰岩夹砂质灰岩	
	志留系	上统		S_2	217.28	钙质石英岩夹砂质灰岩	
		下统	阿尔尚德组	S_1	>3000	凝灰质长石硬砂岩、粉砂岩页岩、泥灰岩	
			斑定陶勒盖组	S_1		硅质板岩、板岩夹硅质岩	
	奥陶系	上统		O_2		钙质砂岩、砂岩、砂砾岩、泥灰岩	
		下统	色尔汉图群	O_1	502.5	硅质岩、硅质板岩、硅质白云岩。下部为硅质板岩、泥板岩及结晶灰岩	
	寒武系	上统		ϵ_3		结晶灰岩、硅质条带灰岩、白云岩、硅质岩	
		中统		ϵ_2		砂质白云质灰岩、硅质岩、硅质灰岩、石英岩、粉砂岩	

续表2-1

界	系	统	组（群）	代号	厚度/m	岩性	结构性质
新元古界	青白口系		乌兰哈夏群	Pt_3UL		下部为杂色板岩夹泥灰岩；上部为变质粉砂岩、泥灰岩及硅质板岩与白云岩互层	
中元古界	蓟县系		巴音西剥群	Pt_2DY		白云岩、白云质灰岩、板岩	
	长城系		渣尔泰山群	Pt_2ZH	3600	含砾石英砂岩、变质砂板岩、碳质板岩、大理岩	
			诺尔公群	Pt_2NR		石英砂岩、浅粒岩、石英片岩、白云质大理岩	
古元古界			上阿拉善群	Pt_1SL		黑云母石英片岩、片麻岩、黑云斜长片麻岩、石英岩、变粒岩、混合岩、麻粒岩、石英岩	结晶基底
			色尔腾山群	Pt_1SR		混合岩、片麻岩、片岩、变粒岩、角闪斜长片麻岩	
			宝音图群	Pt_1BY	7000	云母片岩、云母石英片岩、变粒岩、碳质千枚岩、大理岩	
			北山群	Pt_1BS		变粒岩、混合岩、片麻岩、石英岩	
新太古界			下阿拉山群（乌拉山群）	Ar_2XL	400	下部为紫苏麻粒岩、斜长片麻岩、浅粒岩、变粒岩；上部为黑云斜长片麻岩、角闪黑云斜长片麻岩、混合岩	

注：据《内蒙古地质志》资料归纳。

1. 新太古界

新太古界下阿拉善群（乌拉山群）主要分布于盆地南部的雅不赖山、巴音诺尔山、炭窑口西部等地区，区测资料将其划分为波罗斯坦庙组、哈乌拉组、布达尔干组和达布苏山组4个组。该群下部岩性为紫苏麻粒岩、斜长片麻岩、浅粒岩、变粒岩；上部岩性为黑云斜长片麻岩、角闪黑云斜长片麻岩、透辉大理岩、变粒岩夹磁铁石英岩、大理岩、含石墨大理岩、眼球状混合岩。变质相总体为高角闪岩相，为中深变质岩。原岩为海相基性、中基性、酸性火山岩、含碳质砂泥岩、碳酸盐岩、硅镁质岩建造。该群变质岩的铀一般在$(2\sim4)\times10^{-6}$之间。

2. 元古宇

1）古元古界

古元古界出露有上阿拉善群（Pt_1SL）、色尔腾山群（Pt_1SR）、宝音图群（Pt_1BY）、北山群（Pt_1BS）等。

上阿拉善群主要分布于雅不赖山、巴音诺尔公山等地区，自下而上可划分为德尔和通特组、克兰尼都组、祖宗毛道组3个组。德尔和通特组上部为黑云母石英片岩、二云石英片岩和黑云斜长片麻岩、大理岩；下部为片麻岩、石英岩和变粒岩。克兰尼都组主要为一套碳酸盐岩沉积，岩性为大理岩。祖宗毛道组上段为薄层状结晶灰岩；下段为石英片岩、变质砾岩和变粒岩。该群变质岩的平均铀含量2.8×10^{-6}，含铀性一般。

色尔腾山群主要分布于狼山地区。该群下部为变质程度较深的片麻岩、混合岩；中部为残斑片岩和绿片岩；上部为角闪斜长片岩夹变粒岩和磁铁石英岩。该群变质岩的平均铀含量3.5×10^{-6}。

宝音图群主要分布于狼山北侧及宝音图隆起一带，岩性主要为云母片岩、云母石英片岩、石英岩夹阳起石片岩、碳质千枚岩、变质砂岩和大理岩。该群变质岩的平均铀含量 2.7×10^{-6}，铀含量较低。

北山群主要分布于宗乃山地区。该群下部为变粒岩、混合岩、片麻岩、石英岩夹铁矿层；上部为千枚岩、片岩夹含铁石英岩、片麻岩、混合岩。该群变质岩的平均铀含量为 3.4×10^{-6}。

2) 中元古界

中元古界出露有长城系渣尔泰山群(Pt_2ZH)、诺尔公群(Pt_2NR)。

渣尔泰山群主要分布于阴山山脉中段的渣尔泰山，向西延至盆地南部狼山一带，由4个岩性组构成，由下至上为书记沟组、增隆昌组、阿古鲁沟组和刘洪湾组。渣尔泰山群主要分布于霍格旗—潮海—巴音前达门一线以东的东南部地区，盆地北西部有零星分布。由于构造断失，未出露下部地层书记沟组。增隆昌组、阿古鲁沟组和刘洪湾组均有出露，岩性主要为砂质板岩、变余石英砂岩夹碳质板岩、大理岩，为一套滨浅海相碎屑岩、浅海相碳质泥岩-碳酸盐岩建造。渣尔泰山群地层总厚度大于3600m。阿古鲁沟组的碳质板岩铀含量为$(8\sim13)\times10^{-6}$，东升庙硫铁矿床中的碳质板岩铀含量达30×10^{-6}，是重要的富铀层位。该地层不仅富铀，而且富含Cu、Pb、Zn、Fe和S、P元素，产有霍格旗大型铜矿床、东升庙大型硫铁矿及炭类口、早生盘Pb、Zn矿床。

诺尔公群主要分布在本区南部巴音诺尔公山地区，岩性主要为一套石英岩、浅粒岩、白云质大理岩。岩石平均铀含量为 3.2×10^{-6}。

3. 古生界

古生代出露有中上寒武统、奥陶系、志留系、泥盆系、石炭系和二叠系，它们构成盆地北部苏红图坳陷的基底；盆地南部缺失寒武系、奥陶系、志留系和泥盆系，仅有石炭系、二叠系零星分布。

中上寒武统主要分布于盆地北部好比如和杭乌拉两地，露头零星，缺失下寒武统。中寒武统主要由硅质岩、硅质板岩、泥质硅质板岩、白云岩、砾状砂质白云岩组成，与下伏蓟县系、巴音西别群呈角度不整合接触。上寒武统下部为薄层结晶灰岩夹黑色薄层硅质岩，上部为薄层泥质硅质板岩夹薄层结晶灰岩。

奥陶系主要分布于盆地北部的杭乌拉地区和珠斯楞海尔罕以南地区。下奥陶统色尔汉图群下部为硅质板岩夹结晶灰岩，上部为硅质岩夹硅质板岩及硅质白云岩、板岩；上奥陶统下部为泥灰岩，上部为钙质砂岩夹砾岩，地层总厚度大于3000m。

志留系见于盆地北部的杭乌拉南侧、好比如南侧、珠斯楞海尔罕南部。下志留统分为2个组，西部班定陶勒盖组为薄层硅质板岩、泥质板岩夹硅质岩，盛产笔石。上部阿尔尚德组为凝灰质长石硬砂岩、粉砂岩、页岩和薄层泥灰岩组成。上志留统主要由碎屑岩夹生物灰岩组成。地层厚度217.28m。

泥盆系主要分布于盆地苏红图坳陷的西北部。下泥盆统珠斯楞组以钙质砂岩为主，顶部夹灰岩；中泥盆统下部伊克乌苏组为砂质灰岩、泥灰岩，上部卧驼山组为长石砂岩、凝灰质砂岩，底部为砾岩；上泥盆统西屏山组为长石砂岩夹钙质砂岩。

石炭系在盆地区呈零星分布，主要有上石炭统阿木山组，下段为砾岩、砂岩、千枚岩和灰岩，中段为英安山-流纹质凝灰岩、凝灰质细砂岩、凝灰熔岩、流纹岩、安山岩、蚀变玄武岩夹长石砂岩、板岩、白云石大理岩，上段为厚层状白云石大理岩、安山岩、流纹质凝灰熔岩夹复成分砾岩。

上、下二叠统齐全，大面积出露。下二叠统可分为埋汗哈达组和阿其德组；埋汗哈达组主要由碎屑岩及碳酸盐岩组成；阿其德组下部为硬砂质碎屑岩夹中基性火山岩，上部为安山质、英安岩及流纹质熔岩、凝灰岩夹钙质砂岩。上二叠统哈尔苏海组下部为钙质砾岩、砂砾岩、砾状灰岩、钙质硬砂岩、砂质灰岩夹流纹质英安质熔岩、凝灰岩、粗面岩和玄武安山岩。上岩组下部为浅灰色、灰绿色含黄铁矿长石砂岩、粉砂岩及少量砂质灰岩等。

综合盆地基底地层岩性及分布特征可以看出，盆地南部基底、蚀源区为古克拉通基底，属华北地台组成部分。其新太古界下阿拉善群、元古宇渣尔泰山群、元古宇上阿拉善群主要为黑云斜长片麻岩、变粒岩黑云斜长角闪岩、碳质板岩、钾长混合岩等，岩石成熟度较高，铀含量相对较高，特别是渣尔泰山群为盆地重要的富铀基底地层。盆地北部基底主要为古生代褶皱基底,地层岩性以碎屑岩、碳酸盐岩、中基性火山岩为主,铀含量低。总之,巴音戈壁盆地南部基底成熟度、铀源条件好于北部。

二、盆地盖层

盆地盖层发育中生界三叠系、侏罗系、白垩系和新生界(表2-2,图2-2)。其中,三叠系在本区大部分地区缺失;侏罗系零星分布,主要分布于盆地南部,石油资料显示在坳陷中部埋藏较深;白垩系在盆地中分布最广、发育齐全、厚度最大,在各坳陷均有分布,包括下白垩统巴音戈壁组、苏红图组与上白垩统乌兰苏海组;古近系零星分布,厚度较薄;第四系则广泛分布于盆地各坳陷内。

表2-2 巴音戈壁盆地各坳陷盖层划分一览表

地层		苏红图坳陷	因格井坳陷		尚丹坳陷		查干德勒苏坳陷	
古近系	始新统	寺口子组(E_2s)					阿力乌苏组(E_2a)	
白垩系	上统	乌兰苏海组(K_2w)	乌兰苏海组(K_2w)		乌兰苏海组(K_2w)		乌兰苏海组(K_2w)	
白垩系	下统	苏红图组(K_1s)			苏红图组(K_1s)		苏红图组(K_1s)	
白垩系	下统	巴音戈壁组 上段(K_1b^2)	巴音戈壁组	上段(K_1b^2)	巴音戈壁组	上段(K_1b^2)	巴音戈壁组	上段(K_1b^2)
白垩系	下统	巴音戈壁组 下段(K_1b^1)	巴音戈壁组	下段(K_1b^1)	巴音戈壁组	下段(K_1b^1)	巴音戈壁组	下段(K_1b^1)
侏罗系	下中侏罗统	哈格尔汉群($J_{1-2}HG$)	哈格尔汉群($J_{1-2}HG$)		哈格尔汉群($J_{1-2}HG$)		哈格尔汉群($J_{1-2}HG$)	

注:据区测、石油勘查资料汇编。

1. 三叠系

上三叠统树井组仅在盆地西北部零星分布,为一套灰绿色、深灰色中粒长石砂岩、粗砂岩与含砾岩屑砂岩互层,夹粉、细砂岩等陆相碎屑岩建造,厚度2009m。

2. 侏罗系

侏罗系出露很不完整,据石油勘查资料,盆地内主要发育下-中侏罗统哈格尔汉群,为一套以含煤粗碎屑岩为主的火山沉积建造。下部岩性为细砂岩夹砂砾岩、泥页岩及煤线,上部为灰色、深灰色、黑色凝灰质岩夹火山角砾岩,总厚度356m。

3. 白垩系

白垩系是盆地各坳陷的主要沉积盖层,主要为河湖-湖相砂砾岩、砂岩、泥页岩及泥灰岩、砂质灰岩建造。地层厚度达2000~3600m。盆地白垩系可分为上、下统:下统分为巴音戈壁组、苏红图组及银根组;上统主要为乌兰苏海组。下白垩统巴音戈壁组为盆地铀矿主要找矿目的层。

巴音戈壁组(K_1b):该组可划分为上段(K_1b^2)和下段(K_1b^1)两个岩性段。

巴音戈壁组下段(K_1b^1):出露于各坳陷的边部,在因格井坳陷北缘见大面积分布。总体以红色、褐红色、紫红色、橘红色、灰白色砾岩、砂质砾岩、泥质砂质砾岩、砂岩为主,夹薄层红色、紫红色粉砂岩和泥岩,局部可见灰色细碎屑岩,层厚大于1418.4m。底部多为砾岩,往上渐变为砂质砾岩和含砾砂岩及细碎屑岩,见不完整正韵律层。岩石分选性差,砾石多为次棱角状—次圆状,大多泥砂质胶结,局部为钙质

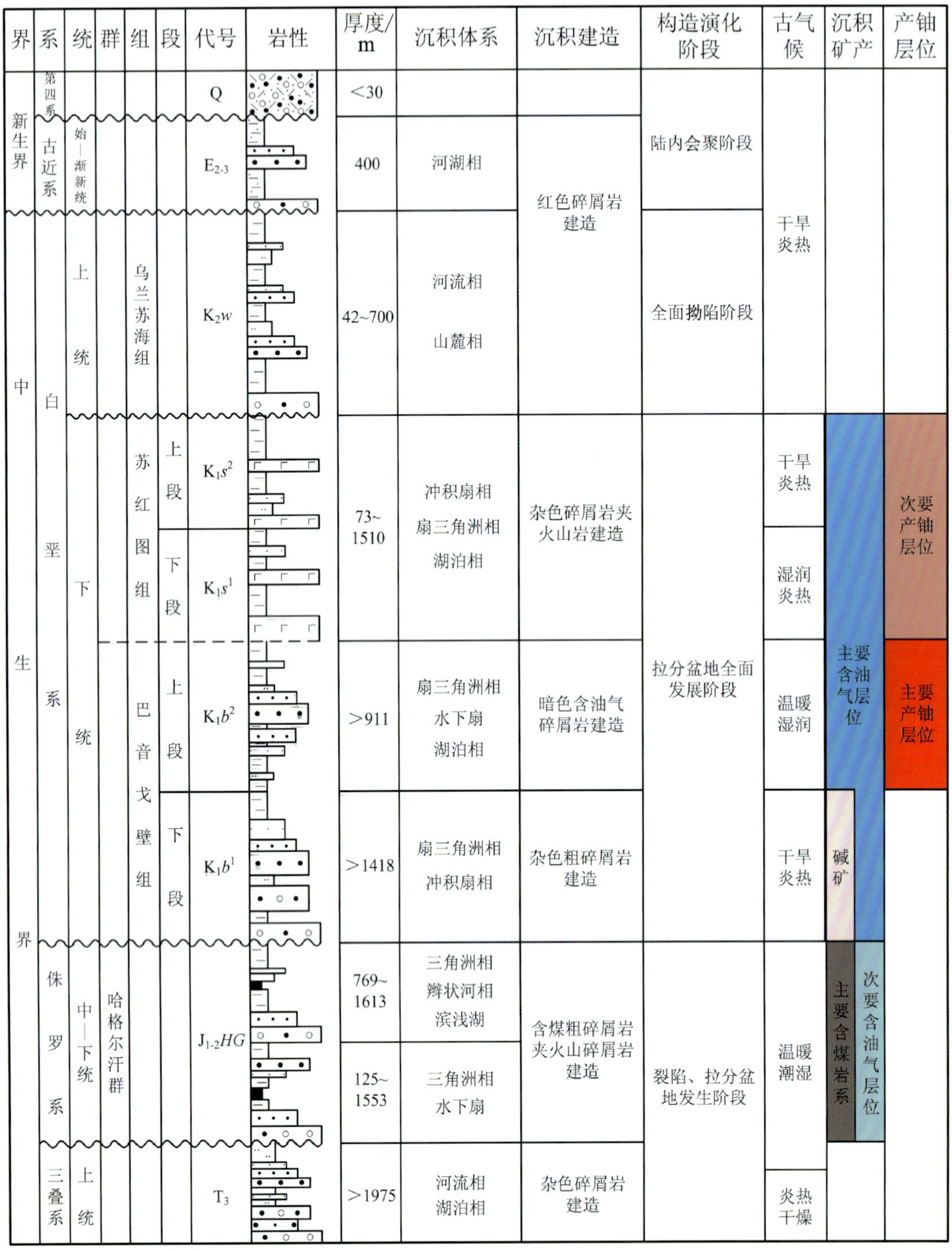

界	系	统	群	组	段	代号	岩性	厚度/m	沉积体系	沉积建造	构造演化阶段	古气候	沉积矿产	产铀层位
新生界	第四系					Q		<30			陆内会聚阶段	干旱炎热		
	古近系	始—渐新统				E_{2-3}		400	河湖相	红色碎屑岩建造				
中生界	白垩系	上统		乌兰苏海组		K_2w		42~700	河流相 山麓相		全面拗陷阶段			
		下统		苏红图组	上段	K_1s^2		73~1510	冲积扇相 扇三角洲相 湖泊相	杂色碎屑岩夹火山岩建造		干旱炎热	次要含油气层位	次要产铀层位
					下段	K_1s^1						湿润炎热		
				巴音戈壁组	上段	K_1b^2		>911	扇三角洲相 水下扇 湖泊相	暗色含油气碎屑岩建造	拉分盆地全面发展阶段	温暖湿润	主要含油气层位	主要产铀层位
					下段	K_1b^1		>1418	扇三角洲相 冲积扇相	杂色粗碎屑岩建造		干旱炎热	碱矿	
	侏罗系	中—下统	哈格尔汗群			$J_{1-2}HG$		769~1613	三角洲相 辫状河相 滨浅湖	含煤粗碎屑岩夹火山碎屑岩建造	裂陷、拉分盆地发生阶段	温暖潮湿	主要含煤岩系	次要含油气层位
								125~1553	三角洲相 水下扇					
	三叠系	上统				T_3		>1975	河流相 湖泊相	杂色碎屑岩建造		炎热干燥		

图 2-2 巴音戈壁盆地中新生代综合地层柱状图

胶结,砾石成分因地而异,与蚀源区岩性有关。

巴音戈壁组上段(K_1b^2):盆地内广泛分布,在因格井坳陷北缘大面积出露。岩性由砖红色、紫红色、黄色砂质砾岩、砂岩,灰色、黄色砂岩与砖红色粉砂岩、灰色泥岩、粉砂岩不等厚互层组成,厚度大于911m。局部露头可见生物碎屑灰岩、砂屑灰岩、隐晶灰岩等。该组含有较多的动、植物化石,主要有脊椎动物、叶肢介、双壳类、介形虫、植物、孢粉和腹足类等。脊椎动物中见鱼类(狼鳍鱼类)、驰龙类、恐龙类兽脚亚目及鹦鹉咀龙等化石。塔木素铀矿床赋存于该段砂岩和泥岩中,是盆地主要找矿目的层。

苏红图组（K_1s）：主要分布于盆地北部的路登凹陷、乌兰凹陷与东部的查干凹陷，厚达 1510m（最厚处位于查干德勒苏凹陷），在盆地南部巴隆乌拉、乌力吉等地零星出露，为一套中、基性火山岩与正常沉积岩组合。主要岩性为黄绿色、紫黑色安山岩、粗安岩，灰黑色、灰绿色、土黄色玄武岩与砂岩、砾岩、粉砂岩、碳质泥岩及泥岩互层组合。该组岩层火山岩沉积夹层中发育有砂岩体，铀矿化主要分布在沉积夹层接触部位砂岩中和土黄色玄武岩中，大部分具后生成因特征，是盆地次要的铀矿找矿目的层。

乌兰苏海组（K_2w）：区内分布较广，为河流-山麓相沉积。岩层下部为砖红色、褐红色泥质含砾砂岩、泥质砂质砾岩、砾岩等，砾石成分为花岗岩、玄武岩、泥岩碎块等；上部为砖红色、杂色钙质砂岩、泥质粉砂岩、泥岩；顶部见石膏与铁锰质结核。该组沉积厚度从数米至数百米，因格井坳陷内沉积厚度达 300m 左右，与下伏下白垩统呈角度不整合接触。

4. 古近系

古近系发育阿力乌苏组（E_2a）。该组零星分布于苏红图、查干德勒苏等坳陷中，其他坳陷中均缺失。古近系阿力乌苏组以一套河流相红色碎屑岩建造为特点，岩性为红色、棕红色砂质泥岩、砂砾岩夹灰绿色透镜体。地层厚度 400m。

第二节 盆地构造格架

一、基底构造格局

巴音戈壁盆地的基底属性具有南北分区的特点。盆地基底构造为恩格尔乌苏-巴音查干北东东向晚古生代陆-陆碰撞板块缝合线（阿尔金走滑断裂带）、因格井-乌力吉北东东向晚古生代岛-弧碰撞拼合线及狼山西麓北东向岩石圈走滑断裂所分割的北部苏红图-巴音查干晚古生代岛弧-岩浆带基底区，南部宗乃山-沙拉扎山-狼山古克拉通基底区等两个属性不同的基底组成巴音戈壁盆地基底的基本构造格局（图 2-3）。

恩格尔乌苏-巴音查干晚古生代缝合带呈北东东向展布于盆地北部，沿该带零星出露上石炭统阿木山组和下二叠统阿其德组等有拉斑玄武岩系列德海相玄武岩，在区域上的布斯特附近的阿木山组有长约 4m 的蛇绿岩透镜体断续分布。

盆地北部为恩格尔乌苏-巴音查干缝合线以北地区的晚古生代中基性火山岛弧-岩浆带组成的褶皱基底，主要为石炭系、下二叠统巨厚的中酸性、中基性火山岩与火山沉积岩及与裂谷有关的海西期、印支期 M 型、C 型花岗岩和大陆碰撞花岗岩组成基底，具成熟度低、基底岩石含铀量低的特点。

盆地南部为宗乃山-沙拉扎山-狼山克拉通基底区，位于恩格尔乌苏-巴音查干缝合带以南，主要由中元古界渣尔泰群、阿诺公群及古元古界上阿拉善群、色尔腾山群、宝音图群及新太古界下阿拉善群构成。盆地南部基底在古生代以前曾是一个长期处于隆起的比较稳定的克拉通，形成时间为太古宙—古元古代，结束于中石炭世，延续时期 16 亿～17 亿年，属华北板块北缘阿拉善陆块区，在兴凯-加里东旋回期间长期处于稳定隆起状态的阿拉善古陆块进入海西旋回以来，作为毗邻兴蒙大洋南洋区（晚古生代洋）的华北板块阿拉善古陆块区，首先在北部地区受到洋壳自北向南的俯冲、消减，直到早二叠世末碰撞造山作用的影响，由稳定转为活化，在阿拉善-雅不赖-狼山古陆块区表现为较强的钾质混合岩化及晚古生代大陆弧富铀花岗岩侵入活动，使南陆块区成为晚古生代活化的、成熟度高度、富铀的克拉通基底，成为中新生代沉积盆地铀成矿的有利基底。

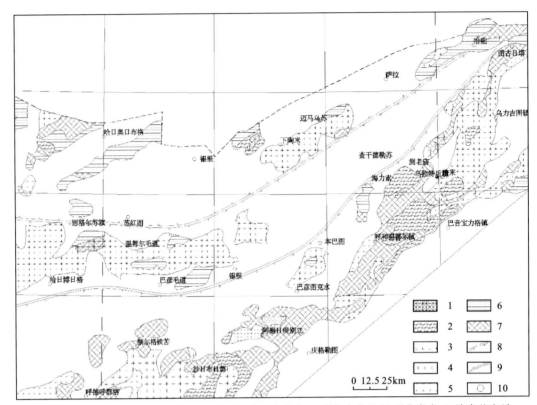

1.中海西期镁铁质及超铁镁质深成岩;2.造山期后花岗岩;3.裂谷有关的M型花岗岩;4.陆壳基底弧花岗岩;5.大陆弧花岗岩;6.古生代褶皱基底;7.前寒武纪结晶基底;8.陆-陆碰撞板块缝合线;9.陆弧碰撞拼合线;10.居民点

图2-3 巴音戈壁盆地基底构造图(据卫平生等,20006修改)

二、构造单元分区及基本特征

依据重、磁、电综合解释资料,巴音戈壁盆地可划分为北部坳陷带、南部坳陷带和8个隆起带(表2-3,图2-4)。北部坳陷带包括苏红图坳陷和拐子湖坳陷,南部坳陷带包括因格井坳陷、银根坳陷和查干德勒苏坳陷(罗毅等,2009;聂逢君,2012;核工业二〇八大队,2018)。

苏红图坳陷:呈北东、北东东向展布,区内面积约6710km²,一般埋深为500~1000m,深度变化梯度大,在查干努日地区最深为4400m。北部主要为浅海陆源碎屑岩区,南部为火山岩分布区,基底断裂切割较深。坳陷带内的凹陷、凸起受阿尔金左行走滑断裂派生的北东向雁列式断裂控制,形成了3个凸起和6个凹陷,在空间上凹陷、凸起呈北东向单断型、双断型狭窄的长条形相间分布,形成"人"字形雁列式构造格局。

拐子湖坳陷:位于盆地西部,呈北东向展布,西部延伸于工作区外的巴丹吉林坳陷,区内面积约10 010km²,航磁基底埋深500m的等深线圈闭,一般深度为1000m以上,最大埋深超过2000m,深度变化梯度大,为陡下陷区,基底构造简单。次级构造受阿尔金左行走滑断裂带的北东向雁列式断裂控制,坳陷在区内分为2个凹陷和3个凸起。

宗乃山-沙拉扎山隆起:该中央隆起带北以阿尔金东延断裂为界,南侧以宗南断裂为界,在区内分布长302.5km,宽25~30km,面积为20 210km²。隆起带主要由海西期、印支期富铀花岗岩及少量燕山期花岗岩和零星残留分布的古元古代中深变质岩、晚古生代浅变质岩组成。

表 2-3　巴音戈壁盆地构造单元分区表

一级构造单元	二级构造单元	三级构造单元	面积/km²	最大沉积厚度/m	构造类型
北部坳陷带 (16 720km²)	苏红图坳陷 (6710km²)	乌兰凹陷	400	1710	双断
		哈布凸起	1230	350	
		艾特格凹陷	1750	4000	单断
		扎敏凸起	1380	1000	
		路登凹陷	350	3000	单断
		伊西凸起	930	1470	
		迈马凹陷	670	3500	双断
	拐子湖坳陷 (10 010km²)	拐子湖凹陷	1950	3000	单断
		大扎干凸起	1780	1000	
		哈日凹陷	3100	4400	单断
		巴布拉海凸起	1150	1710	
		巴北凹陷	1580	3430	双断
		巴东凸起	450	1000	
盆地中央隆起	宗乃山-沙拉扎山隆起		20 210		
南部坳陷带 (30 930km²)	因格井坳陷 (12 060km²)	因格井凹陷	2910	3500	双断
		因格井南凸起	4550	1500	
		树贵凹陷	4600	4500	单断
	银根坳陷 (10 700km²)	乌力吉凹陷	1000	4530	单断
		那仁哈拉凸起	3490	2820	
		托莱凹陷	1030	4700	双断
		准查凹陷	600	3200	单断
		图克木凸起	2870	1200	
		本巴图凹陷	1710	3000	双断
	查干德勒苏坳陷 (8170km²)	白云凹陷	1430	3500	单断
		楚干凸起	430	1000	
		查干凹陷	1750	6000	双断
		西尼凸起	820	1500	
		洪果凹陷	1120	3900	单断
		查干尚丹凸起	1570	1500	
		莫林凹陷	330	3000	单断
		海力素南凸起	720	1000	

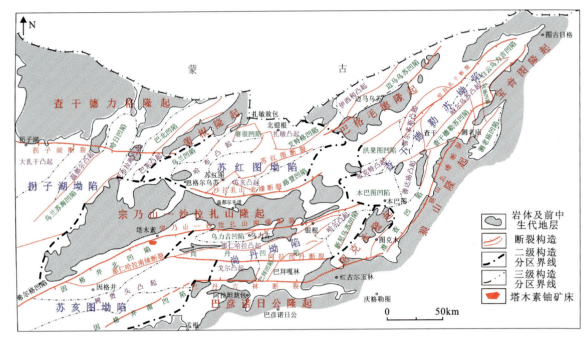

图 2-4 巴音戈壁盆地内部构造分区图

因格井坳陷:呈北东向展布,区内面积约 12 066km²。坳陷内沉积稳定,深度变化梯度不大,北侧略缓,一般埋深 500~1500m,西南地区最大深度达 4000m,整体具有东浅西深、南浅北深的特点。次级构造包括 1 个凸起和 2 个凹陷。晚白垩世末至新近纪,该坳陷北部表现强烈的逆冲断块掀斜及褶皱隆升剥蚀作用,广泛出露下白垩统巴音戈壁组,坳陷的南部表现沉降,发育晚白垩世乌兰苏海组沉积,呈现一阶梯地堑、半地堑构造样式(图 2-5),这种构造样式形成的构造环境有利于铀成矿。塔木素矿床处于因格井坳陷北缘的因格井北凹陷内。

银根坳陷:呈东西向展布,面积约 10 700km²。航磁和电法标志层两种基底等深线均吻合圈闭,断裂发育,基底分割强烈,形态复杂,中部区为一个凸凹相间的宽缓下陷区,有多个沉积中心,最深达 2000m,一般埋深为 500~1600m,南部基本上为缓倾斜坡,基底次级构造发育。石油资料显示坳陷内的乌力吉凹陷侏罗系的最大厚度为 2600m,下白垩统的最大厚度为 1800m,新生界很薄。银根坳陷的最大沉积厚度应在 4400m 以上。基底次级构造发育,可进一步划分为 3 个凸起和 4 个凹陷区。

查干德勒苏坳陷:该坳陷位于盆地东部,呈北东向展布,区内面积约 8170km²,受断裂控制明显。北缘以阿尔金断裂东延断裂为界,西以布克特西断裂为界,东南缘以阿木断裂为界,东缘以狼山西断裂为界,呈北东向展布,发育下白垩统和新生界。发育多个沉积中心,埋深一般大于 1000m,在查干德勒苏一带石油资料解译最深达 6400m,可划分为 4 个凸起和 6 个凹陷。各凹陷的地层结构大致相同,均由下白垩统巴音戈壁组陆源碎屑岩、苏红图组陆源碎屑岩夹中基性火山岩和上白垩统乌兰苏海组巨厚的红色碎屑岩层及新生界零星分布组成(图 2-6)。巨厚的上白垩统乌兰苏海组红层覆盖整个坳陷。晚白垩世末至新近纪,该坳陷的主体表现整体抬升,在坳陷边部出现以逆冲断层-褶皱隆升剥蚀构造作用为特点。从地层结构分析,查干德勒苏坳陷成矿目的层下白垩统巴音戈壁组埋深大,上白垩统巨厚红层覆盖广,其总体上地层结构和构造环境对铀成矿不利,坳陷边缘的逆冲断块隆升、褶皱隆升剥蚀区测老庙凹陷是铀成矿的有利区。

三、断裂构造格架及其对盆地形成的控制作用

巴音戈壁盆地断裂构造对控制坳陷、凹陷、隆起、凸起的形成与分布、盆地盖层沉积体、富铀建造及热液铀成矿等方面均起着重要的作用,断裂构造是盆地最主要的构造活动形式之一。

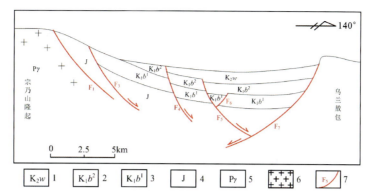

1.上白垩统乌兰苏海组;2.下白垩统巴音戈壁组上段;3.下白垩统巴音戈壁组下段;4.侏罗系;5.二叠纪花岗岩;6.花岗岩;7.构造断裂

图 2-5 因格井坳陷塔木素地区张性、扭性断裂(地垒)组合图

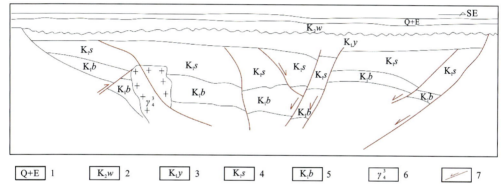

1.新生界;2.上白垩统乌兰苏海组;3.下白垩统银根组灰色碎屑岩层;4.下白垩统苏红图组灰色碎屑岩夹中基性火山岩层;5.下白垩统巴音戈壁组红色碎屑岩、灰色碎屑岩夹碳酸盐岩层;6.海西期花岗岩;7.断裂构造

图 2-6 查干德勒苏坳陷地质构造图(据罗毅等,2009)

盆地自中生代以来,以燕山期断裂为主,印支期和喜马拉雅期较少,且多为隐伏断裂。断裂以北东、北东东向最为发育,常具延伸长、断距大、活动时间长等特点,且多控制了坳(凹)陷的沉积和构造发育,其次为东西向及北西向,少数为南北向。根据断裂的规模、控岩控盆作用,划分为区域性断裂、控盆地断裂和控制坳陷、凹陷断裂(图 2-7,表 2-4)(罗毅等,2009)。

阿尔金东延断裂带(Ⅰ)是控制巴音戈壁盆地大地构造背景及盆地形成过程中不同阶段应力状态、结构、构造等性质的转换区域性断裂(表 2-4)。该断裂带在巴音戈壁盆地总体呈北东走向,延伸长度达650km,它由两条羽状排列的主要断裂和一系列分支断裂组成,贯穿盆地北部,将盆地分为北部坳陷和南部坳陷。它既是西伯利亚板块与华北板块碰撞对接的缝合线,又是控制加里东、海西、印支、燕山岩浆活动的断裂,又是控制中新生代盆地形成与分布的断裂带,在巴音戈壁盆地控制了苏红图坳陷的形成,是苏红图坳陷的南缘边界断裂及查干德勒苏坳陷的北缘边界断裂,表现伸展走滑构造性质。

控盆断裂主要发育有北大山断裂(Ⅱ$_1$)、雅不赖-哈拉乌山断裂(Ⅱ$_2$)和狼山西断裂(Ⅱ$_3$)3 条断裂(表 2-4),这些断裂是长期活动的深大断裂,控制了巴音戈壁盆地的边界范围。北大山断裂构成盆地西南边界,走向北西向,倾向北东,延长 170km;雅不赖-哈拉乌山断裂构成盆地南部边界,走向北东东,延伸大于 400km,属阿尔金断裂的一条分支断裂;狼山西断裂构成盆地东界,走向北东向,延伸长度230km,为一条长期发育的岩石圈断裂。

控制坳陷、凹陷断裂构造发育有宗乃山-沙拉扎山断裂(Ⅲ$_1$)、宗南断裂(Ⅲ$_2$)、因格井断裂(Ⅲ$_3$)、树槐头断裂(Ⅲ$_4$)、雅不赖山西麓断裂(Ⅲ$_5$)、那仁哈拉断裂(Ⅲ$_6$)、阿木乌苏断裂(Ⅲ$_7$)、图拉格断裂(Ⅲ$_8$)、巴兴断裂(Ⅲ$_9$)和艾勒西断裂(Ⅲ$_{10}$),控制了巴音戈壁盆地坳陷、隆起、凹陷、凸起形成与分布,使盆地形成隆坳相间、凹凸相间的格局(表 2-4),影响了各坳陷、凹陷的沉积相展布和沉积体系组成。

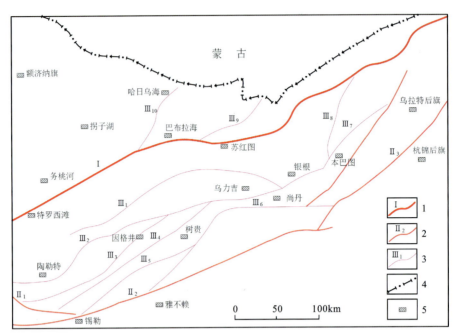

1.区域性断裂及编号;2.控盆断裂及编号;3.控坳、控凹断裂及编号;4.国界线;5.居民点

图 2-7 巴音戈壁盆地断裂构造格架图(据罗毅等,2009)

表 2-4 巴音戈壁盆地主要断裂构造类型及其特点

断裂构造	编号	名称	断裂类型	性质	活动时期	走向	倾向	地质作用
区域性断裂(Ⅰ)	Ⅰ	阿尔金东延断裂	岩石圈断裂	剪切	晋宁期、加里东期、晚海西期、印支期、燕山期、喜马拉雅期	北东东	南北	西伯利亚板块与华北板块晚古生代碰撞缝合带,控制岩浆活动、盆地形成
控盆断裂(Ⅱ)	Ⅱ₁	北大山断裂	壳断裂	先正后逆	海西期、燕山期、喜马拉雅期	北西	北东	控制盆地西界
	Ⅱ₂	雅不赖-哈拉乌山断裂	壳断裂	剪切	海西期、燕山期、喜马拉雅期	北东东	北西-南东	控制盆地南界
	Ⅱ₃	狼山西断裂	岩石圈断裂	先正后逆	海西期、燕山期、喜马拉雅期	北东	北西	控制盆地东界、岩浆活动
控坳、控凹断裂(Ⅲ)	Ⅲ₁	宗乃山-沙拉扎山断裂	壳断裂	逆	海西期、印支期、燕山期、喜马拉雅期	北东东	北	控岩、控坳陷
	Ⅲ₂	宗南断裂	基底断裂	正	海西期、印支期、燕山期、喜马拉雅期	北东-北东东	南东	控岩、控坳陷、控凹陷
	Ⅲ₃	因格井断裂	基底断裂	正	海西期、印支期、燕山期、喜马拉雅期	北东	南东	控坳陷、控凹陷

续表 2-4

断裂构造	编号	名称	断裂类型	性质	活动时期	走向	倾向	地质作用
控坳、控凹断裂（Ⅲ）	Ⅲ₄	树槐头断裂	基底断裂	正	海西期、印支期、燕山期、喜马拉雅期	北东	南东	控坳陷、控凹陷
	Ⅲ₅	雅不赖西山麓断裂	壳断裂	先正后逆	海西期、印支期、燕山期、喜马拉雅期	北东	南东	控岩、控坳陷、控凹陷
	Ⅲ₆	那仁哈拉断裂	壳断裂	逆	海西期、印支期、燕山期、喜马拉雅期	北东东	南南东	控岩、控坳陷、控凹陷
	Ⅲ₇	阿木乌苏断裂	基底断裂	逆	燕山晚期	北东	南东	控坳陷
	Ⅲ₈	图拉格断裂	基底断裂	正	燕山晚期	北东—北东东	南东	控凹陷
	Ⅲ₉	巴兴断裂	基底断裂	逆	燕山晚期	北东	北西	控凹陷
	Ⅲ₁₀	艾勒西断裂	基底断裂	下正上逆	燕山晚期	北东	北西	控凹陷

根据本区石油地质资料及断裂构造性质（同一期构造变形），区内断裂构造可划分为张性和扭性断裂构造、张性和压性断裂，以及逆冲断裂-褶皱构造3种构造组合样式，不同性质断裂构造组合样式对盆地、坳陷和凹陷的控制作用也不同。

张性和扭性断裂构造组合样式为盆地宗乃山以南的北东—北东东向展布的宗南断裂（Ⅲ₂）、因格井断裂（Ⅲ₃）、树槐头断裂（Ⅲ₄）、雅不赖西麓断裂（Ⅲ₅）等基底型正断裂，控制了苏亥图坳陷及其内的地垒、半地垒和凸起及测老庙凹陷的形成与分布，通常为坳陷、凹陷的边界断裂（图2-8）。在靠近断层一侧通常控制冲积扇-扇三角洲沉积体系的分布，远离断层为滨浅湖相沉积，反映了生长地垒构造特点。这种构造样式控制了同生沉积铀成矿作用及热叠造铀成矿作用。

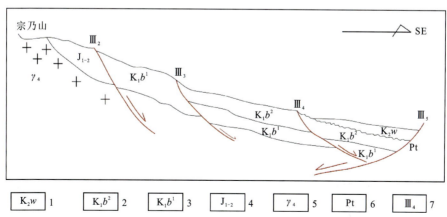

1. 上白垩统乌兰苏海组；2. 下白垩统巴音戈壁组上段；3. 下白垩统巴音戈壁组下段；4. 下-中侏罗统；
5. 海西期花岗岩；6. 元古宇结晶基底；7. 断裂编号

图 2-8 塔木素（因格井）凹陷张性、扭性断裂（地垒）组合图（据罗毅等，2009）

张性和压性断裂组合构造样式在盆地宗乃山以南边缘区广泛发育,由北大山断裂($Ⅱ_1$)、雅不赖-哈拉乌山断裂($Ⅱ_2$)、狼山西断裂($Ⅱ_3$)控制盆地的西界、南界和东界,控制了区域中酸性、酸性花岗岩岩浆活动、基性岩浆活动及白垩世盆地的发育与分布,新生代以来表现强烈的逆冲作用使盆地处于断褶隆升剥蚀时期,结束盆地发育史。

逆冲断裂-褶皱构造组合样式主要发育于苏红图凹陷和查干德勒苏坳陷内,控制凹陷形成及早-中侏罗世、白垩世沉积和岩相分布,新生代以来以表现逆冲反转断层-褶皱变形为特点,并形成局部鼻状隆起(背斜)或隆升(背斜)剥蚀天窗构造(图2-9～图2-11)。该构造组合样式对同生沉积铀成矿作用及古潜水铀成矿作用具有明显的控制作用。

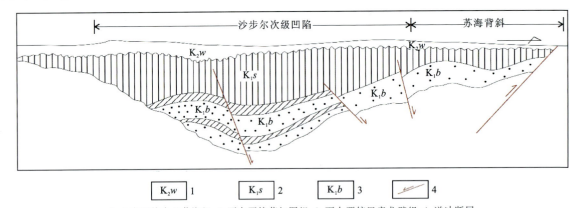

1.上白垩统乌兰苏海组;2.下白垩统苏红图组;3.下白垩统巴音戈壁组;4.逆冲断层

图2-9 苏红图坳陷哈日凹陷逆冲断层-褶皱构造样式图(据罗毅等,2009)

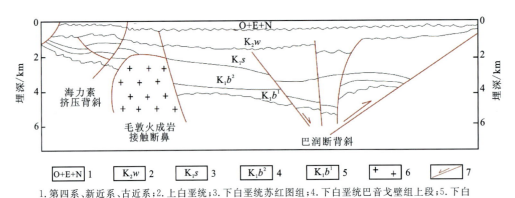

1.第四系、新近系、古近系;2.上白垩统;3.下白垩统苏红图组;4.下白垩统巴音戈壁组上段;5.下白垩统巴音戈壁组下段;6.岩体;7.逆冲断层

图2-10 查干德勒苏坳陷查干凹陷逆冲断层-褶皱构造样式图(据罗毅等,2009)

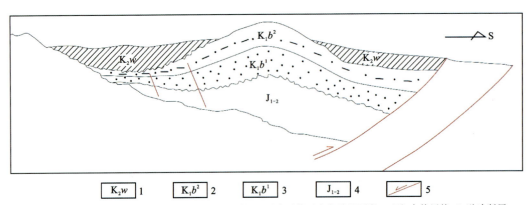

1.上白垩统乌兰苏海组;2.下白垩统巴音戈壁组上段;3.下白垩统巴音戈壁组下段;4.下-中侏罗统;5.逆冲断层

图2-11 乌力吉凹陷逆冲断层-褶皱构造样式图(据罗毅等,2009)

北东向、北西向、北东东向张性及压性断裂组合样式和北东东向(阿尔金东延分支)张性、扭性断裂组合样式,它们分别控制盆地基性、中酸性岩浆活动及早-中侏罗世—早白垩世地堑、半地堑盆地及晚白垩世坳陷盆地的分布,其中早白垩世张性正断层组合样式控制了盆地富铀沉积建造、同生沉积铀成矿作用和热液叠造铀成矿作用;在晚侏罗世和喜马拉雅期由于印度板块的碰撞挤压作用,盆地断裂转为逆冲挤压断裂-褶皱组合样式特点,盆地处于隆升剥蚀期,它控制了区内潜水氧化铀成矿作用。

总之,区域性北东向、北西向、北东东向张性、压性断裂组合样式和北东东向(阿尔金东延分支)张性、扭性断裂组合样式,分别控制盆地基性、中酸性岩浆活动及早-中侏罗世—早白垩世地堑、半地堑盆地及晚白垩世坳陷盆地的分布。其中,早白垩世张性正断层组合样式控制了盆地富铀沉积建造、同生沉积铀成矿作用和热液叠造铀成矿作用;在晚侏罗世和喜马拉雅期,由于印度板块的碰撞挤压作用,盆地断裂转为逆冲挤压断裂-褶皱组合样式特点,盆地处于隆升剥蚀期,它控制了区内潜水氧化铀成矿作用。

其中,塔木素铀矿床位于因格井坳陷北东部,是巴音戈壁盆地重要的产铀次级构造单元。因格井坳陷内断裂构造系统总体上沿袭了区域断裂与控盆断裂构造系统的特点,构造线的总体方向为北东向(图 2-12,表 2-5),这些断裂构造与区域断裂及控盆断裂的复合,不仅控制了盆地的隆坳相间的构造格局,而且控制了沉积体系的类型和空间展布特点,进一步控制了坳陷构造演化、同生沉积和层间氧化铀成矿作用。

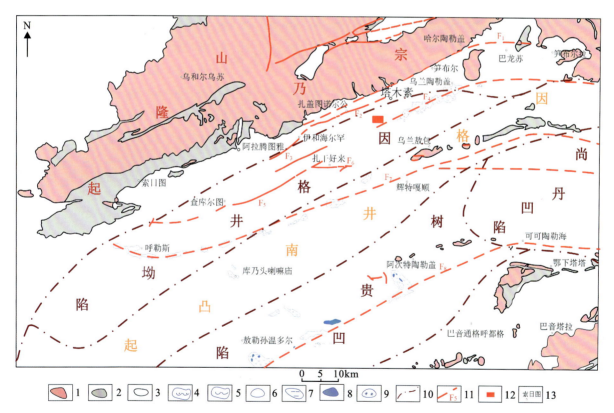

1.岩体;2.前中生代地层;3.中新生代地层;4.硬盐壳;5.盐渍化;6.湖积淤泥;7.盐水湖;8.地表水体;9.龟裂地;10.构造分区界线;11.断裂及编号;12.塔木素铀矿床范围;13.地名

图 2-12 巴音戈壁盆地因格井坳陷构造纲要图

表 2-5 因格井坳陷断裂特征一览表

编号	名称	走向	倾向	倾角/(°)	长度/km	性质	识别标志	备注
F_1	笋布尔断裂	北东65°~近东西	北南	60~80	>70	压性—压扭性	航磁异常推断	控坳断裂
F_2	塔木素断裂	北东55°~77°	北南	40~80	>40	压性	航磁异常推断、地表实测	控凹断裂
F_3	乌兰陶勒盖断裂	北东55°~60°	北南	50~60	>10	压扭性	航磁异常推断、航片行迹清晰	
F_4	乌兰铁布科断裂	北东60°~70°	北南	55~70	>65	压性	航磁异常推断、地表水体展布	
F_5	查库尔图断裂	北东60°~近东西	北南	60~80	>41	压性	航磁异常推断、地表断层崖	
F_6	扎干好来断裂	近东西	北/南	80~90	>9	压扭性	航磁异常推断	
F_7	那仁哈拉断裂	北东	北西	60~80	>250	压扭性	航磁异常推断、地表见推覆构造	控凹断裂

第三节 岩浆活动

一、侵入岩浆岩特征及含铀性

巴音戈壁盆地侵入岩浆活动强烈,多旋回特点明显。成盆前,岩浆活动可划分为加里东期、海西期、印支期,分布广泛,占基岩出露面积的50%以上(表2-6,图2-13)。从超基性岩至酸性岩均较发育,海西晚期花岗岩分布最为广泛。成盆期的岩浆岩主要为燕山期岩浆岩,在盆地北部零星出露。

表 2-6 巴音戈壁盆地区岩浆岩活动期次划分表

期次	代号	岩性
燕山期	γ_5^2、$\eta\gamma_5^2$、$\lambda\pi\gamma_5^2$、$\kappa\gamma_5^2$	花岗岩、二长花岗岩、钾长花岗岩、石英斑岩
印支期	γ_5^1、$\gamma\pi_5^1$、$\eta\gamma_5^1$、$\kappa\gamma_5^1$	花岗岩、花岗斑岩、二长花岗岩、钾长花岗岩
海西晚期	γ_4^3、$\eta\gamma_4^3$、$\gamma\delta_4^3$、δ_4^3、ν_4^3	花岗岩、二长花岗岩、花岗闪长岩、闪长岩、辉长岩
海西中期	γ_4^2、$\gamma\delta_4^2$、$\eta\gamma_4^2$、$\lambda\delta_4^2$、ν_4^2	花岗岩、二长花岗岩、花岗闪长岩、闪长岩、辉长岩
海西早期	γm_4^1、γ_4^1	花岗岩、混合花岗岩
加里东晚期	γ_3^3、$\eta\gamma_3^3$、δ_3^3	花岗岩、二长花岗岩、闪长岩
加里东中期	δ_3^2、ν_3^2、ψo_3^2、$\beta\mu_3^2$	闪长岩、辉长岩、斜长角闪岩、辉绿岩

加里东期岩浆岩分布于盆地的南部和中部宗乃山隆起一带,由花岗岩、黑云母花岗岩组成,多呈岩基、岩株产出。加里东期花岗岩铀含量1.9×10^{-6}。

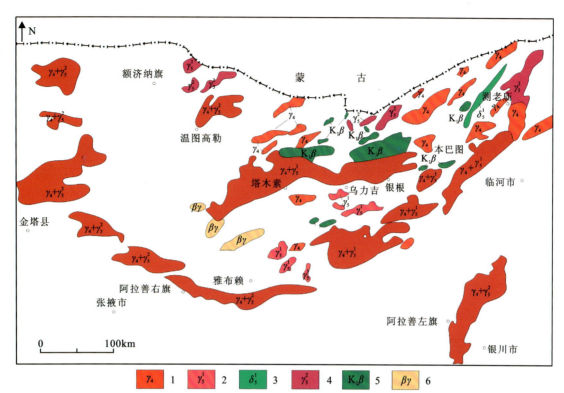

1.海西期中酸性侵入岩;2.印支期中酸性侵入岩;3.印支期中性侵入岩;4.燕山早期中酸性侵入岩;
5.早白垩世中基性火山岩;6.重、磁力预测岩体

图 2-13 巴音戈壁盆地岩浆岩分布图

海西期岩浆岩是盆地岩浆岩产出的主体,多呈大型岩基产出。其中,海西中期岩浆岩主要出露于盆地东部,主要以基性岩、超基性岩为主,次为中性和中酸性岩体。超基性岩有斜辉辉橄岩、橄榄岩、二辉岩、橄榄辉长岩。基性辉长岩主要由角闪辉长岩、微晶辉长岩、辉长闪长岩等组成。中酸性岩体由花岗闪长岩、花岗闪长玢岩、微晶黑云闪长岩、石英闪长玢岩等组成。海西晚期岩浆岩是规模最大的一次岩浆活动,形成横亘区内的巨大花岗岩基,分布于盆地南部、东部以及中部宗乃山—沙拉扎山一带。该期岩浆岩以灰红色中粒斑状黑云母花岗岩、二长花岗岩、斜长花岗岩、钾长花岗岩及细中粒黑云母斜长花岗岩为主,少量中细粒黑云母花岗闪长岩。岩体相带不发育,以中粒结构的过渡相为主,可见细粒结构的边缘相,岩性较均一,局部有分异现象,岩体从边缘至过渡相,石英含量逐渐增多,黑云母等铁镁质暗色矿物逐渐减少。海西期花岗岩铀含量$(6.3 \sim 6.5) \times 10^{-6}$,为富铀岩体。

印支期岩浆岩主要分布于盆地中部宗乃山-沙拉扎山隆起带、东部狼山隆起带,分布多呈岩基、岩株产出,以酸性中粗粒黑云母花岗岩、二长花岗岩、钾长花岗岩发育为特点,为主要富铀岩体。印支期花岗岩铀含量$(6.3 \sim 9.6) \times 10^{-6}$,为富铀岩体。

燕山期岩浆岩主要分布于盆地东部狼山隆起带、西部和盆地北部,多呈岩株、岩墙产出,受北东向断裂带控制,以酸性中粗粒黑云母花岗岩、粗粒二长花岗岩、钾长花岗岩发育为特点。燕山期花岗岩铀含量$(6.3 \sim 9.6) \times 10^{-6}$,为富铀岩体。

二、火山岩特征

中生代火山岩可划分早-中侏罗世火山中酸性火山活动期、早白垩世早期中基性火山活动期、早白垩世晚期火山活动和晚白垩世火山活动期4期火山活动(表2-7)。早-中侏罗世火山岩主要为英安-流纹质火山碎屑岩及熔岩,分布在因格井坳陷、苏红图坳陷;早白垩世早期火山岩主要为玄武岩、安山玄武岩、粗安岩等中基性火山熔岩,呈夹层产于下白垩统巴音戈壁组粗碎屑岩中,分布在查干德勒苏坳陷、苏红图坳陷;早白垩世晚期火山岩主要为玄武岩、安山玄武岩、粗安岩等中基性火山熔岩,分布在苏红图坳陷、查干德勒苏坳陷、银根坳陷、因格井坳陷;晚白垩世火山岩以玄武岩、安山岩等中基性熔岩整合于上白垩统底部砂砾岩之上,主要分布于盆地边缘地区。塔木素铀矿床成矿后热蚀变作用使其含矿岩性固结程度高,矿石品位相对较富,地下水矿化度高,应与上述火山活动有关,但哪一期火山活动与铀成矿作用及热蚀变作用具有明显时空耦合关系及成因联系目前尚不明朗,有待今后进一步研究和完善。

表2-7 巴音戈壁盆地中生代火山岩活动期次及分布特征表

火山岩活动期次	岩性	K-Ar年龄值/Ma	分布区	控制因素
晚白垩世	玄武岩、粗安山岩	65.6~70.5	盆地边缘区	北东—北北东向断裂
早白垩世晚期	玄武岩、安山玄武岩、安山岩	104.4~116.7	查干德勒苏坳陷、苏红图坳陷、银根坳陷、因格井坳陷	北东东—北东向断裂
早白垩世早期	玄武岩、安山玄武岩、安山岩	135.3~137.6	查干德勒苏坳陷、苏红图坳陷	北东东—北东向断裂

第四节 盆地构造演化与铀成矿响应

根据沉积作用、构造作用方式、岩浆活动、变质作用及同位素年龄资料,巴音戈壁盆地构造演化可划分前中生代结晶基底-褶皱基底形成演化阶段,中生代盆地形成及充填演化阶段,包括早-中侏罗世伸展裂陷盆地、晚侏罗世挤压隆升剥蚀、早白垩世伸展裂陷盆地、晚白垩世坳陷等演化阶段,新生界古近纪—第四纪挤压隆升剥蚀等6个演化阶段(表2-8;罗毅等,2009)。

一、前中生代盆地基底形成演化阶段

巴音戈壁盆地前中生代大部分地区处于多岛洋阶段,由于南北向的挤压,多岛洋在二叠纪末封闭,产生陆-陆碰撞(宗乃山北)和弧-陆碰撞(宗乃山南),形成了盆地基底及恩格尔乌苏蛇绿岩带。如前所述,形成的巴音戈壁盆地基底具南、北分区的特点,富铀程度也有所区别。

巴音戈壁盆地南部基底为华北地台北缘阿拉善古陆块结晶基底,由新太古代下阿拉善群、古元古代宝音图群、中-新元古代渣尔泰群中深变质岩组成。其中,中-新元古代沉积了渣尔泰群,以富硫铁矿、铜、铅、锌等元素的黑色碳质板岩夹碎屑建造为特点,是盆地重要的富铀层;古生代和早中生代,花岗岩浆活动强烈,广泛发育大型富铀的中、晚海西期及印支期花岗岩,成为盆地南部、中部宗乃山-沙拉扎山富铀建造及铀成矿的主要铀源体。

巴音戈壁盆地北部基底主要为古生代褶皱基底,属中亚-蒙古古生代地槽的组成部分,发育陆源碎屑岩夹中基性火山岩、中酸性火山岩、碳酸盐岩建造,广泛发育深熔型中基性岩浆岩及I型花岗岩类。总的来看,盆地北部基底(蚀源区)与盆地北部相比,富铀程度相对较贫。

表 2-8 巴音戈壁构造演化与铀成矿的响应关系表

地质时代		构造演化阶段	盆地性质	沉积建造与岩浆活动	区域构造环境	铀成矿作用	成矿年龄/Ma
E-Q		挤压隆升剥蚀阶段	初始前陆坳陷盆地	河流相杂色砂砾岩建造	印度板块向北碰撞、逆冲断块掀斜、褶皱隆升剥蚀构造环境	潜水氧化铀成矿作用	28.8,21.7,10.5,7.8,5.6（据核工业203大队）
K_2w		热冷却沉降坳陷阶段	张性坳陷盆地	厚层红色碎屑岩建造	地幔柱冷却收缩，岩石圈拉伸沉降构造环境	厚层区域性红层覆盖保矿作用	
K_1b-K_1s		伸展裂陷阶段	伸展裂陷盆地	早期为红色杂色碎屑岩、灰色碎屑岩、碳酸盐岩建造；晚期为杂色碎屑岩夹玄武岩建造	地幔柱拱隆、岩石圈拉张伸展构造环境	同生沉积、热叠造铀、油气流体还原成矿作用	111.6±8.1
J_3		挤压隆升剥蚀阶段	前陆坳陷盆地	杂色类磨拉石建造	东太平洋板块俯冲挤压作用，断、褶隆升剥蚀构造环境	提供富铀建造铀成矿物源及铀源	
J_{1-2}		伸展裂陷阶段	伸展裂陷盆地	含煤碎屑岩夹中基性火山岩建造	地幔热柱上拱，岩石圈拉张伸展构造环境		
前中生代	P_2	古生代地槽褶皱回返阶段	古生代褶皱基底	碎屑岩夹中基性火山岩、碳酸盐岩建造及中酸性花岗岩、富铀酸性花岗岩浆活动	大洋裂谷，西伯利亚古板块与华北古板块碰撞缝合线构造环境	富铀酸性花岗岩形成期，提供富铀物源、铀源	
	Pt-Ar_2	古陆核形成阶段	前寒武纪结晶基底	碎屑岩夹中基性火山岩建造、钾质混合岩、中酸性花岗岩活动	古克拉通构造环境	富铀古克拉通结晶基底形成，提供富铀物源	

二、中生代盆地形成及充填演化阶段

1. 三叠纪一中侏罗世伸展裂陷盆地形成及充填演化阶段

晚三叠纪至侏罗纪，巴音戈壁盆地处于裂陷阶段，区域应力场为北西方向的拉伸，断裂主要是继承基底断裂（基底卷入型张性断裂组合），同时产生新的正断层（盖层滑脱型滑脱正断层），呈北东向展布的一系列地堑、半地堑坳陷、凹陷。

早-中三叠世，盆地处于隆升造山作用阶段，没有接受沉积。晚三叠世开始，盆地区出现拉张作用，形成一套北东向张性断裂系统，充填了一套陆相红色磨拉石建造。伴随造山后的伸展作用，出现了一系列花岗岩侵位和地壳改造型中酸性火山岩喷发。上三叠统主要沉积一套以河湖相为主的粗碎屑岩建造。

侏罗纪早期开始，受太平洋板块向北西方向俯冲和西伯利亚板块南移的双重影响，巴音戈壁盆地表现出区域性的张扭应力状态，并在三叠纪张性构造的基础上发育北东向、北东东向的张扭性断裂群。

早-中侏罗世伸展裂陷盆地的形成,发育以含煤线陆源碎屑岩夹中基性火山岩建造。该地层主要分布在盆地的西部坳陷中,是盆地的含油气层之一。

2. 晚侏罗世挤压隆升剥蚀演化阶段

该阶段,由于盆地受太平洋板块向欧亚大陆的俯冲挤压作用,打破了古生代期南、北对立的构造格局,逐渐形成了东、西分异的断隆、断坳新格局。巴音戈壁盆地整体处于整体隆升剥蚀期,大部分地区缺失晚侏罗世地层沉积,仅局部出现杂色类磨拉石建造。正断层多数反转,进一步加强了中侏罗统遭受剥蚀程度,在地震反射剖面上,同相轴不连续,不整合面明显(图 2-14,T_g 为侏罗系—白垩系界面)。该时期挤压隆升和构造反转所产生的大面积剥蚀作用,致使先成的富铀花岗岩遭受强烈的风化剥蚀及准平原化,是白垩世盆地富铀建造及铀成矿的有利构造环境。

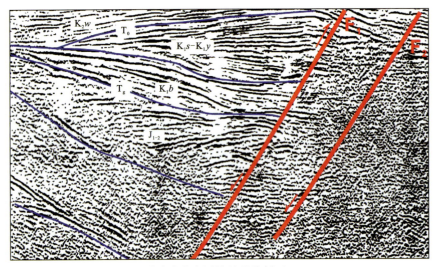

图 2-14 银根坳陷南北向测线的叠偏剖面(据孙志华,1995)

3. 早白垩世伸展裂陷盆地形成演化阶段

早白垩世开始,巴音戈壁盆地的应力场发生明显的改变,区域上表现为张扭应力场,裂陷范围进一步扩大。盆地北部各坳陷中次级构造单元呈北东向或北北东向,且呈雁形斜列式,明显受左旋走滑控制。南部各坳陷中的次级单元东西两边呈北东向排列,而中间却呈东西向分布。

早白垩世巴音戈壁期以北东东—北东向伸展断陷湖盆发育为特点,广泛发育冲积扇-扇三角洲沉积、湖相沉积,碎屑岩的成分主要为富铀花岗岩(图 2-15a)。该地质时期的古气候为干热—潮湿交替,在潮湿期,三角洲平原辫状河道砂体、湖相泥岩中铀预富集明显,产生同生沉积铀成矿作用,甚至形成同沉积板状铀矿体,尤其是塔木素铀矿床同沉积泥岩矿体广泛发育。巴音戈壁期铀预富集及同生沉积铀成矿作用并具区域性分布特点,如测老庙凹陷的东缘、因格井坳陷的北缘、银根坳陷东南缘、乌力吉凹陷北缘等均发育。巴音戈壁组上段扇三角洲平原辫状河道砂体发育及铀预富集作用,是决定该层位为盆地主要赋矿及找矿层位的重要地质因素之一。

早白垩世晚期苏红图期在早白垩世早期巴音戈壁期伸展断陷的基础上,以表现强烈的伸展裂陷构造作用为特点,在苏红图坳陷、查干德勒苏坳陷、测老庙凹陷、银根坳陷均发育强烈的中基性火山岩浆活动,形成了巨厚的冲积扇-扇三角洲-浅湖相碎屑岩夹厚层状碱性玄武岩互层假整合于早白垩世巴音戈壁组之上(图 2-15b)。该地质时期的古气候为炎热—湿润交替,广泛发育的扇三角洲平原辫状河道砂体具有与巴音戈壁组上段类似的铀成矿条件,为盆地次要找矿层位。早白垩世末期,受燕山运动(第Ⅳ幕)的影响,盆地发生差异抬升剥蚀作用,使下白垩统遭到不同程度的剥蚀和宽缓的褶皱变形。该时期的岩浆活动在一定程度上是影响盆地对铀成矿的热叠加改造作用和岩石固结程度提高的阶段性地质因素之一。

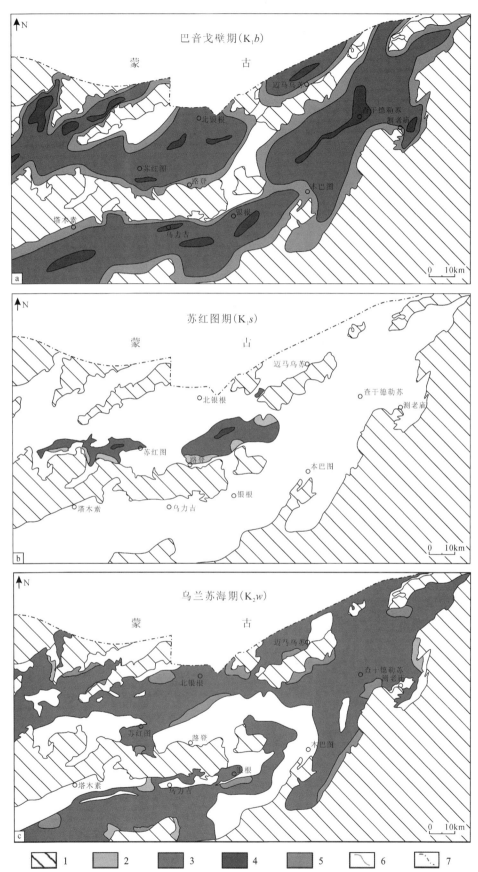

1.隆起区;2.冲积扇;3.扇三角洲;4.浅湖;5.泛滥平原;6.曲流河道;7.国界线

图 2-15 巴音戈壁盆地白垩纪构造沉积演化模式图

由上述苏红图期盆地充填特征可以看出,苏红图组在区域上的沉积具有局限性。如在因格井坳陷巴音戈壁组大面积的出露,未见苏红图组(K_1s)和银根组(K_1y)及晚期地层沉积,表明因格井坳陷在巴音戈壁组沉积后的早白垩世晚期,在构造抬升背景下已处于抬升风化剥蚀状态,大面积含氧含铀水渗入及铀成矿作用已开始,铀成矿作用时间相对较长,这也是该坳陷铀成矿条件相对较好及塔木素铀矿床形成的重要因素之一。

4. 晚白垩世坳陷演化阶段

随着早白垩世伸展裂陷作用的终止,大范围的坳陷沉积形成。上白垩统乌兰苏海组以"填平补齐"形式及角度不整合状态覆盖了各坳陷,它往往在坳陷边缘以超覆不整合覆盖在前中生代地层之上,使坳陷范围进一步扩大(图2-15c)。

乌兰苏海组岩性较单一,以厚层状红色砂砾岩和砂泥岩互层,具良好的区域性红层盖层性质。在查干德勒苏坳陷接受了巨厚的乌兰苏海组红色碎屑岩沉积,在因格井坳陷、银根坳陷沉积幅度较小,乌兰苏海组厚度一般在100~300m之间。晚白垩世,构造活动减弱或趋于停止,盆地构造沉降变缓,沉积物逐渐填满整个盆地,盆地朝着消亡的方向发展。区域性巨厚的乌兰苏海组红层盖层不具备砂岩铀成矿的原生还原岩石地球化学条件。

三、新生界挤压隆升剥蚀演化阶段

古近纪—第四纪盆地处于挤压隆升剥蚀演化阶段。古近纪,印度板块向北俯冲与欧亚板块相碰撞,受这一作用的影响,白垩世拉张状态变为挤压应力状态,从而使盆地处于整体挤压隆升剥蚀构造背景。在坳陷的边缘常出现先正断层转换为逆断层的构造反转和褶皱隆升构造。古近系、新近系局部分布,大多数地区缺失沉积,第四系主要是冲、洪积砂砾和风成砂层。该时期盆地强烈区域性抬升、坳陷边缘构造反转、逆冲断层掀斜作用和褶皱隆升造成了广泛的风化剥蚀作用,进而造成了蚀源区含氧含铀水的大面积向盆地的渗入作用,这一时期是盆地的主要铀成矿期。

总之,巴音戈壁盆地内隆起、坳陷和凹陷的形成与分布格局受阿尔金东延走滑断裂带控制,盆地形成与演化历经了两次挤压隆升剥蚀、两次伸展裂陷、一次热冷却沉降坳陷的演化过程。其中,前中生代基底富铀花岗岩演化阶段及晚侏罗世挤压隆升剥蚀阶段为盆地富铀建造、同生沉积铀成矿作用提供了有利的构造环境,早白垩世伸展裂陷盆地演化阶段控制了早白垩世巴音戈壁组上段富铀建造及同生沉积铀成矿作用与分布,古近纪、新近纪区域性挤压隆升剥蚀演化阶段控制了含氧含铀水向盆地渗入和铀成矿作用,是重要的铀成矿期之一。火山活动是促进铀成矿作用、产生热蚀变作用、岩石固结程度增高的重要地质因素。

第三章 矿床地质

第一节 巴音戈壁组上段等时地层格架

地层划分与对比是一项基础性工作,而它的可靠性直接影响着最后工作成果的质量。因此,综合运用多种方法,准确划分与对比地层是必须的和必要的。应用岩芯分析技术、测井技术、综合录井技术、野外露头分析和古生物分析技术对塔木素铀矿床进行了地层界面的识别与地层单元的划分。在此基础之上,通过编制网络化骨干对比剖面,完成对塔木素铀矿床地层对比,建立了巴音戈壁组上段的等时地层格架,并总结了它的空间分布规律。

一、巴音戈壁组上段(K_1b^2)生物地层结构

在塔木素矿床对 ZKH80-32 和 ZKH8-14 钻孔进行了系统孢粉取样,测试结果认为,矿床赋矿层位为早白垩世晚期地层。ZKH80-32 和 ZKH8-14 钻孔孢粉样品共 45 块,孔深分别为 35.5~643m 和 457.5~763m,经常规酸碱处理分析后,在 28 块样品中见有或多或少的孢粉化石(ZKH80-32 钻孔为 17 块,ZKH8-14 钻孔为 11 块)。因两个钻孔的孢粉面貌相近,故一并讨论(图 3-1、图 3-2)。

1. 孢粉组合特征

(1)两个钻孔裸子植物花粉含量均明显高于蕨类植物孢子,分别为 57.0%~64.0% 和 31.0%~43.0%。被子植物花粉仅零星出现。

(2)蕨类孢子中,早白垩世喜湿热的常见分子海金沙科孢子频繁出现,含量较高,主要有克鲁克孢(*Klukisporites*)、海金沙孢(*Lygodiumsporites*)、无突肋纹孢(*Cicatricosisporites*)、凹边瘤面孢(*Concavissimisporites*)、非均饰孢(*Impardisispora*)、具唇孢(*Toroisporis*)及拟套环孢(*Densoisporites*)等。莎草蕨科的希指蕨孢(*Schizaeoisporites*)偶有见及。

(3)裸子植物花粉中克拉梭粉(*Classopollis*)含量最高,以 *C. annulatus*(环圈克拉梭粉)和 *C. classoides*(克拉梭克拉梭粉)为主;其次是双囊松柏类花粉,主要出现的是一些原始松柏类花粉,如拟云杉粉(*Piceites*)、假云杉粉属(*Pseudopicea*)、原始松柏粉(*Protoconiferus*)、原始松粉(*Protopinus*)和四字粉(*Quadraeculin*)等。本体与气囊分化完善的双束松粉、雪松粉和罗汉松粉等也有见及。麻黄粉(*Ephedripites*)、苏铁粉(*Cycadopites*)和宽沟粉(*Chasmatosporites*)经常出现,但含量较少。

(4)被子植物花粉仅见有网面三沟粉和三沟粉类两种类型,且含量极低。

2. 地质时代及环境分析

本孢粉组合最重要的特征之一是海金沙科孢子大量出现。海金沙科孢子是一类喜湿热气候的蕨类

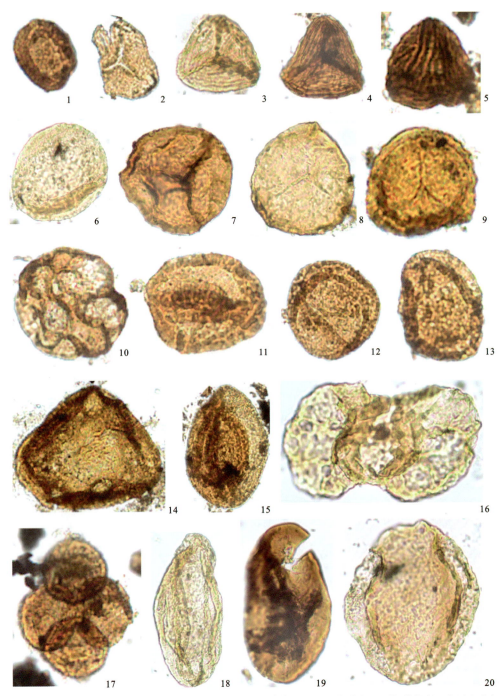

[化石均来自 ZKH80-32 钻孔和 ZKH8-14 钻孔样品。除注明者外,所有化石均放大 800 倍,均保存于中国地质大学(武汉)地球生物系]

1. *Classopollis annulatus*（环圈克拉梭粉）; 2. *Concavissimisporites variverrucatus*（可变瘤凹边孢）; 3、4. *Cicatricosisporites* sp.［无突肋纹孢（未定种）］; 5. *Cicatricosisporites undosus*（波形无突肋纹孢）; 6. *Chasmatosporites apertus*（无盖广口粉）; 7. *Interulobites* sp.［内三裂片孢（未定种）］; 8. *Radiorugoisporites* sp.［辐射皱纹孢（未定种）］; 9. *Hsuisporites multiradiatus*（辐射徐氏孢）; 10. *Klukisporites* sp.［克鲁克孢（未定种）］; 11、12. *Classopollis monostiatus*（单条克拉松粉）, ×1000; 13. *Classpollis* sp.［克拉松粉（未定种）］, ×1000; 14. *Protoconiferus funarius*（富纳赖原始松柏粉）; 15. *Concentrisporites fragilis*（脆弱同心粉）; 16. *Podocarpites nageiaformis*（竹柏型罗汉松粉）; 17. *Classopollis classoides*（克拉梭克拉梭粉）; 18. *Ephedripites* sp.［麻黄粉（未定种）］; 19. *Psophosphaera* sp.［皱球粉（未定种）］; 20. *Pseudopicea rotundiformis*（圆形假云杉粉）

图 3-1　早白垩世晚期典型孢粉化石与组合

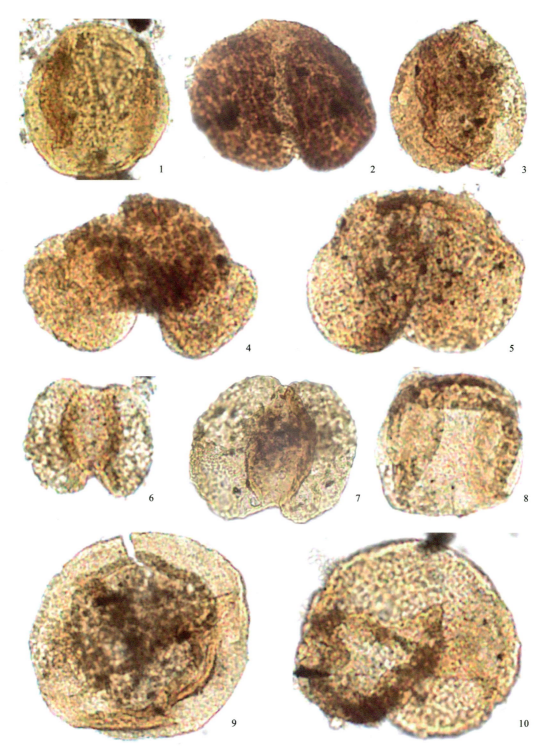

[化石均来自 ZKH80-32 钻孔和 ZKH8-14 钻孔样品。除注明者外,所有化石均放大 800 倍,均保存于中国地质大学(武汉)地球生物系]

1. *Protopinus brevisulcus*(短沟原始松粉);2、4. *Pinuspollenites labdacus* f. *maximus*(大型双束松粉); 3. *Cedripites* sp.[雪松粉(未定种)];5. *Piceaepollenites exilioides*(微细云杉粉);6. *Podocarpidites patulus*(厚垣罗汉松粉);7. *Podocarpidites unicus*(单一罗汉松粉);8. *Quadraeculina limbata*(有边四字粉);9. *Perinopollenites limbatus*(有边周壁粉);10. *Cedripites medium*(中型雪松粉)

图 3-2 早白垩世晚期典型孢粉化石与组合

植物孢子，在国内外一些地区早白垩世孢粉组合中极为常见，且含量较高。在本组合中该类孢子频繁出现，并有一定含量(可达13%左右)，主要有克鲁克孢(*Klukisporites*)、海金沙孢(*Lygodiumsporites*)、无突肋纹孢(*Cicatricosisporites*)、凹边瘤纹孢(*Concavissimisporites*)、非均饰孢(*Impardecispora*)及具唇孢(*Toroisporis*)等。其中，无突肋纹孢的出现具有更重要意义，它是目前公认的划分侏罗纪与白垩纪界线最重要的标志性孢粉化石。这类孢子出现在侏罗纪与白垩纪界线附近，但多数材料证明，在许多地区无突肋纹孢仅见于侏罗系—白垩系界线以上层位。在早白垩世早期数量很少，到凡兰吟期才开始增多，至欧特里夫-巴列姆期则大量繁盛。因此，有人将无突肋纹孢的出现作为白垩纪的开始。本组合中频繁出现这种孢子，表明本组合具有早白垩世的特征。

本组合另一重要特征是出现了高含量的克拉梭粉(*Classopollis*)，其含量可达19.0%。克拉梭粉植物与裸子植物掌鳞杉科(*Chriolepidaceae*)有亲缘关系，从晚三叠世开始至古近纪早期都有分布，而晚侏罗世和早白垩世是该类花粉最繁盛的时期，尤以晚侏罗世更盛，其含量可高达90%以上。本组合中克拉梭粉比较发育，但远未达到晚侏罗世的发展程度，未显示出该类花粉在侏罗纪的面貌，从而证实本组合为早白垩世。

组合还出现一些原始松柏类花粉，如拟云杉粉(*Piceites*)、原始松柏粉(*Protoconiferus*)等，这些具囊松柏类花粉的气囊与本体分化不完全，气囊发育程度不高；这类花粉在前侏罗纪开始出现，侏罗纪进一步发展，至晚侏罗世—早白垩世早、中期繁盛，早白垩世晚期衰退，至晚白垩世绝灭。这类花粉主要分布于我国北方和苏联西伯利亚等地。因此，本组合所出现的原始松柏类花粉，无论在数量和类型上都反映早白垩世该类花粉的特征。

考虑组合中频繁出现一些海金沙科孢子、较多的克拉梭粉和原始松柏类花粉以及某些早白垩世常见分子的存在等因素，并与我国新疆吐哈盆地吐谷鲁群、内蒙古二连盆地赛汉塔拉组三段孢粉组合相似，可以对比，故将当前孢粉组合的时代定为早白垩世晚期，即Aptian期—Albian期是合理的。

上述组合中，克拉梭粉、麻黄粉、希指蕨孢等均为典型的反映干热气候的植物，它们几乎占据了孢粉总数的一半。因而，该孢粉植物群指示了干旱、炎热的热带—亚热带气候。但组合中也发现一些海金沙科孢子，表明在干热气候大环境中时有湿热气候波动。本组合喜中温、中湿的具囊松柏类乔木植物花粉经常出现，而绝大多数是以灌木、草本植物构成的植被，这反映当时该区存在小范围的山地森林植被，盆地及周边地区没有明显的中、高山地势，应该是以生长有克拉梭粉、麻黄粉等灌木与蕨类植物为主的丘陵、低洼、湖岸有关的以盐碱地形为主的沉积环境。

二、巴音戈壁组上段(K_1b^2)层序地层划分

1. 层序地层划分原则及界面识别

标志层和关键界面的识别是划分地层的关键，所识别的界面均需在矿床可以进行追踪对比和闭合。通过典型钻孔测井曲线形态和垂向序列结构，钻孔岩芯和野外露头所蕴藏的岩性、古生物、地层结构等信息，在塔木素铀矿床共识别出1个区域性的标志层和6个关键界面。

标志层是指具有明显的古生物、岩石或矿物特征，可作为区域性地层对比划分依据的一套地层。标志层主要通过典型地震剖面、钻孔测井曲线形态和垂向序列结构，钻孔岩芯和野外露头所蕴藏的岩性、古生物、地层结构等信息加以识别。标志层可以根据其在盆地范围内的稳定程度分为在全盆地范围内可追踪对比的一级标志层和在小区域范围内追踪对比的二级标志层。

塔木素铀矿床巴音戈壁组上段底部为一套暗色泥岩、粉砂质泥岩，厚度较大，所钻遇该层位的钻孔中最厚可见160m厚暗色泥岩(ZKH8-14钻孔，未钻穿)(图3-3)。该套厚层泥岩为广泛分布的一个一级标志层，可追踪对比。上覆于该标志层的地层岩性主要为灰色、红色含砾砂岩、砂岩、粉砂岩和泥岩，砂岩厚度大，泥岩厚度薄，整体为大套砂岩，与底部标志层大套暗色泥岩差别较大。在测井曲线上，底部厚

层泥岩整体呈低幅平直状,电阻低;上覆于泥岩的地层(以砂岩为主)则表现为指状高阻。由此可见,底部厚层泥岩与上覆地层砂岩的分界面为岩性与测井的突变面,底部厚层泥岩可作为全区范围可追的地层划分和对比的标志层。

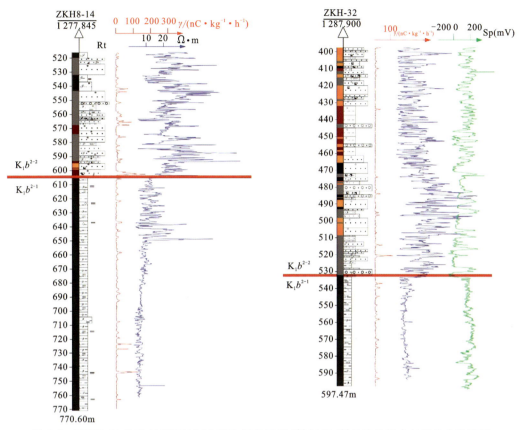

图 3-3　ZKH8-14 钻孔与 ZKH15-32 钻孔标志层 K_1b^{2-1} 与 K_1b^{2-2} 的岩性组合与测井曲线特征

除了一级标志层——底部厚层泥岩外,巴音戈壁组上段地层中还存在 6 次明显的湖泛事件,各湖泛事件岩性主要为灰色、浅灰色泥岩、泥质粉砂岩及粉砂岩(图 3-4、图 3-5)。在湖盆区,湖泛事件形成灰色、深灰色泥岩,厚度大;在湖盆边缘地区,由于相变,湖泛事件时主要发育粉砂岩、细砂岩等。

图 3-4　ZKH8-14 钻孔 K_1b^{2-1} 中暗色泥岩照片

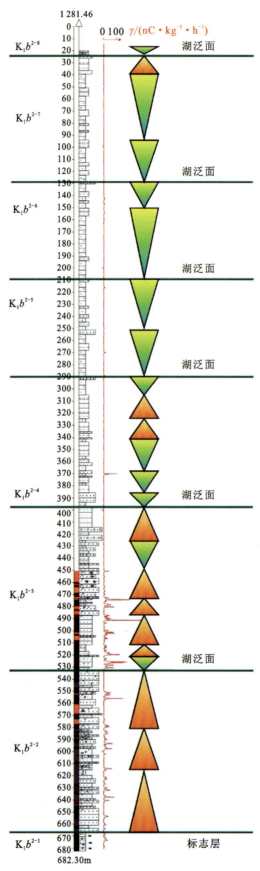

图 3-5 ZK H32-32 钻孔 K_1b^{2-3} 至 K_1b^{2-8} 的 6 个湖泛面

因此,根据区域性标志层以及 6 个湖泛面,最终将巴音戈壁组上段分为 8 个小层序组(图 3-5),即 K_1b^{2-1}、K_1b^{2-2}、K_1b^{2-3}、K_1b^{2-4}、K_1b^{2-5}、K_1b^{2-6}、K_1b^{2-7} 和 K_1b^{2-8},并根据铀矿赋存层位,最终确定了 K_1b^{2-2}、K_1b^{2-3}、K_1b^{2-4}、K_1b^{2-5} 共 4 个编图评价单位,即 4 个含矿含水层。

巴音戈壁组上段的岩石地层结构可以分为下、中、上 3 个岩性段:下部岩性段为 K_1b^{2-1},岩性以大套深灰色、灰色泥岩为主(图 3-4),揭露该层位的钻孔不多,钻遇该层位的钻孔也均未钻穿;中部岩性段为 K_1b^{2-2}、K_1b^{2-3}、K_1b^{2-4}、K_1b^{2-5},岩性以红色、浅红色、黄色、灰色含砾砂岩、砂岩、粉砂岩等为主(图 3-6),整体粒度较粗,砂岩厚度大,从下往上砂岩单层规模减小,泥岩增多;上部岩性段为 K_1b^{2-6}、K_1b^{2-7}、K_1b^{2-8},以灰色、深灰色、灰绿色泥岩、粉砂岩、泥质粉砂岩、细砂岩等为主(图 3-7),见少量含砾砂岩,整体以细粒沉积物为特征。

a. 褐红色粗砂岩,ZKH24-32,K_1b^{2-2},591.3m;b. 紫红色细砂岩,ZKH80-32,K_1b^{2-3},493.5m;c. 浅红色含砾砂岩,泥石流,ZKH60-40,K_1b^{2-4},419.6m;d. 淡黄色含砾砂岩,泥石流,ZKH60-40,K_1b^{2-5},321.5m

图 3-6　K_1b^{2-2}—K_1b^{2-5} 中典型砂岩照片

2. 地层叠置样式

地层叠置样式为层序的基本单元。主要海泛面和与之相当的沉积界面限定的小层序组,按特定叠置型式组合成在一起的、有成因联系的小层序序列(焦养泉等,2015b)。地层叠置样式的变化是由湖盆基准面旋回(水深变化)引起的,即可容纳空间 A/沉积物供给 S 的变化造成地层垂向序列的变化。地层叠置样式在时空上具有尺度性(图 3-8a)。在不同尺度的地层中可以观察到相同的叠置样式,因此,不同尺度地层层序的划分(盆地-岩芯尺度)可以采用同样的标准(Catuneanu,2019)。层序叠置样式按照成因可划分为强制水退(进积+侵蚀)、正常水退(进积+加积)和湖侵(退积+加积)序列(图 3-8b、c)。本次研究以层序组为 3 级层序、体系域为 4 级层序、小层序为 5 级层序地层单元划分。小层序(基本叠置样式,图 3-8d)时限上相当于常用的一个"倒粒序"(三角洲体系)或一个正粒序(河流体系)等(李思田等,1992)。体系域由小层序组成,不同的体系域所处的沉积环境不同,界面划分标志不同。Galloway(1984)将体系域定义为在一定时间内沉积的、由沉积体系组成的沉积物分散系统。根据标准层序地层的 4 分法(Catuneanu,2019),将塔木素铀矿床内下白垩统巴音戈壁组上段 3 级层序划分为 4 个体系

a.灰色粉砂岩,滑塌变形构造,ZKH80-32,K_1b^{2-6},257m;b.紫红色含砾砂岩,泥石流、钙质团块,ZKH72-48,K_1b^{2-6},260m;c.灰白色泥灰岩,ZKH80-32,K_1b^{2-7},127m;d.深灰色含膏泥岩,ZKH80-32,K_1b^{2-8},40m

图3-7 K_1b^{2-6}—K_1b^{2-8}中典型岩石照片

域,分别为低位体系域(LST)、湖侵体系域(EST)、高位体系域(HST)和退积型体系域(FSST)。不同体系域由不同的小层序(地层堆叠样式)组成,同时对应不同的曲线形态(图3-9)。

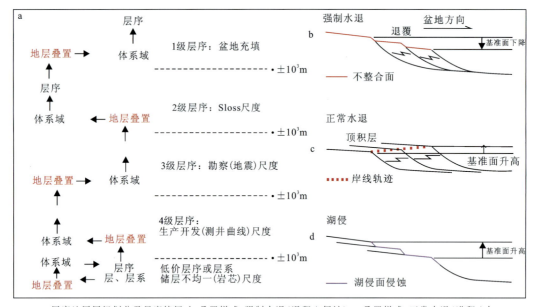

a.层序地层层级划分及尺度特征;b.叠置样式:强制水退(退积+侵蚀);c.叠置样式:正常水退(进积+加积);d.叠置样式:湖侵(退积+进积)

图3-8 层序尺度及盆地内叠置样式成因模型

低位体系域(LST)主要由进积型+加积型(正常水退)的小层序组组成(Martins-Neto and Catuneanu,2010;Li et al.,2018;Catuneanu,2019)(图3-10a),顶部界面为最小湖泛面(最大水退面),局部湖侵,视电阻率曲线呈渐变齿状钟形和齿状漏斗形。

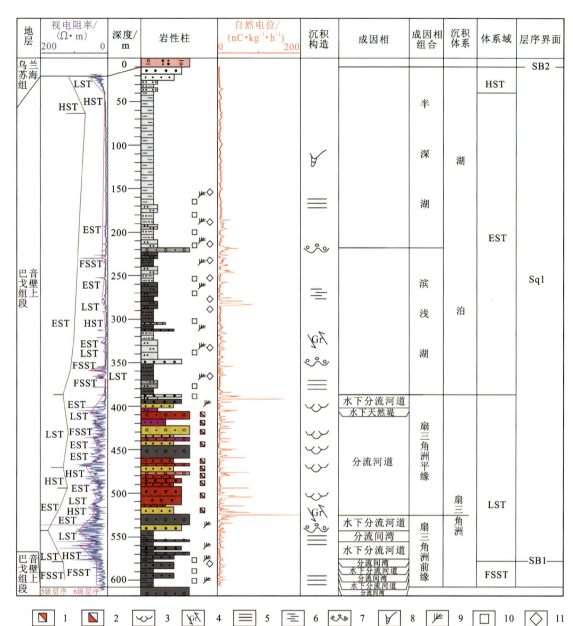

1.褐铁矿化;2.赤铁矿化;3.槽状交错层理;4.粒序层理;5.水平层理;6.平行层理;7.冲刷面;8.潜穴;
9.炭化植物碎屑;10.黄铁矿化;11.碳酸盐化

图 3-9 塔木素铀矿床钻孔、测井曲线体系域、层序界面的识别(据 Liu,2022)

湖侵体系域(EST)主要由退积型小层序(叠置样式)组成(图 3-10c),底部为最小湖泛面,顶部为最大洪泛面,该时期盆地的沉积物供给较少,主要以湖相沉积,同时由于基准面的升高,盆地边缘伴随着河流相的加积作用。视电阻率曲线呈齿状钟形,局部漏斗形,晚期转为齿状平直形。

高位体系域(HST)主要由进积型(正常水退)小层序组成,底部为最大湖泛面,顶部为强制水退形成的不整合界面(巴音戈壁组上段顶部被剥蚀与乌兰苏海组呈不整合接触)。视电阻率曲线呈齿状漏斗形。视电阻率幅值高于湖侵体系域,低于低位体系域。

退积型体系域(FSST)主要由进积(强制水退)小层序(叠置样式)组成,底部对高位体系域顶部进行侵蚀作用,顶部受正常水退影响,在盆地边缘形成侵蚀面,在盆地内为相对的整合接触。视电阻率曲线呈突变的漏斗形。

a.厚层砂岩夹薄层粉砂岩,ZKH48-32,455.20~458.50m;b.厚层砂岩与粉砂岩(泥岩),ZKH32-36, 549.50~555.80m;c.厚层粉砂岩(泥岩)夹薄层砂岩,ZKH80-24,564.10~568.30m
LST.低位体系域;EST.湖侵体系域;HST.高位体系域;DC.分流河道;CC.整合界面;CV.决口扇; MFS.最大湖泛面;MRS.最大水退界面

图 3-10 塔木素铀矿床体系域及典型沉积特征

3. 层序地层对比

通过追踪关键界面和标志层,共编制了 22 条骨架网络地层对比剖面,这些剖面使各层序地层单元有效地对比到整个矿床(图 3-11)。从以上剖面中挑选了 5 条典型剖面(东西方向 2 条,南北方向 3 条)进行详细描述。

纵 32 号线剖面:该剖面为矿床中部东西向剖面,剖面西部埋深较浅,往东部埋深增大(图 3-12)。揭露的地层有 K_1b^{2-1}—K_1b^{2-8},其中 K_1b^{2-1} 未钻穿,部分钻孔未钻遇到;顶部两个层位被剥蚀,在剖面西部

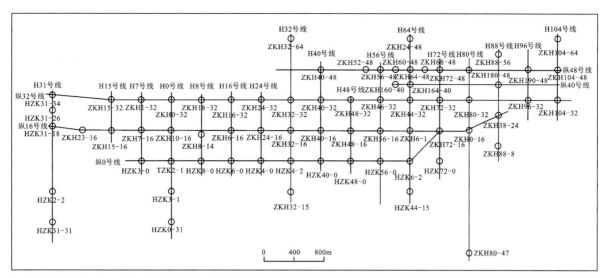

图 3-11 塔木素铀矿床地层对比剖面平面位置图

K_1b^{2-8} 完全剥蚀,且 K_1b^{2-7} 部分剥蚀,往东部剥蚀作用减弱,K_1b^{2-8} 部分被剥蚀。由剖面可以看出,在 HZK56-32 与 ZKH64-32 两口井之间发育一条正断层。

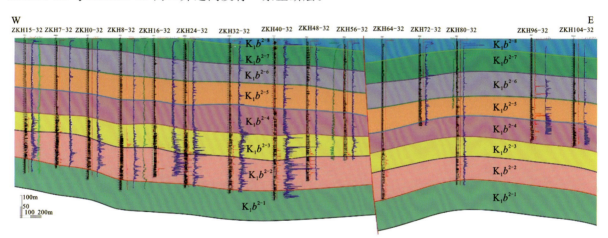

图 3-12 塔木素铀矿床纵 32 号线地层对比剖面图

纵 0 号线剖面:该剖面也为矿床中部东西向剖面,在纵 32 号线以南,由剖面可以看出,与纵 32 号线剖面一样,剖面西部埋深较浅,往东部埋深增大(图 3-13)。钻遇的地层为 K_1b^{2-2}—K_1b^{2-8},未钻到 K_1b^{2-1},K_1b^{2-2} 未钻穿,部分钻孔未钻遇到该层位。从西部往东部剥蚀作用减弱,在剖面西部 K_1b^{2-8} 完全剥蚀,且 K_1b^{2-7} 部分剥蚀,往东部剥蚀作用减弱,K_1b^{2-8} 部分被剥蚀。

H32 号线剖面:该剖面为铀矿床中部南北向剖面,整体上地层埋深北部浅、南部深,钻遇的地层有 K_1b^{2-1}—K_1b^{2-8},K_1b^{2-1} 未钻穿,部分钻孔未钻遇到。顶部 K_1b^{2-8} 部分剥蚀,剥蚀作用北部强、南部弱(图 3-14)。地层厚度呈由北向南减薄的趋势。

H64 号线剖面:该剖面为铀矿床中部偏东的一条南北向剖面,地层埋深北部浅、南部深,钻遇的地层有 K_1b^{2-2}—K_1b^{2-8},K_1b^{2-1} 未钻到,K_1b^{2-2} 未钻穿,部分钻孔未钻遇到。顶部 K_1b^{2-8} 部分剥蚀,剥蚀作用北部强、南部弱。由剖面可以看出,在钻孔 HZK6-1 与 ZKH64-32 之间发育一条正断层(图 3-15)。

H88 号线剖面:该剖面为铀矿床东部的一条南北向剖面,地层埋深北部浅、南部深,钻遇的地层有 K_1b^{2-1}—K_1b^{2-8},K_1b^{2-1} 未钻穿,部分钻孔未钻遇到。顶部 K_1b^{2-8} 部分剥蚀,剥蚀作用北部强、南部弱(图 3-16)。

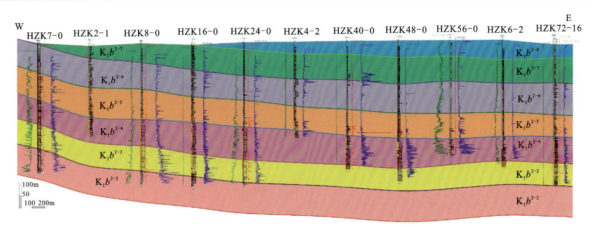

图 3-13 塔木素铀矿床纵 0 号线地层对比剖面图

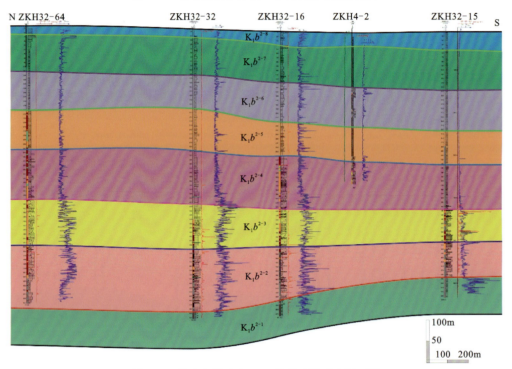

图 3-14 塔木素铀矿床 H32 号线地层对比剖面图

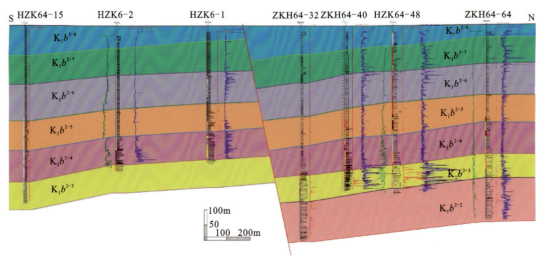

图 3-15 塔木素铀矿床 H64 号线地层对比剖面图

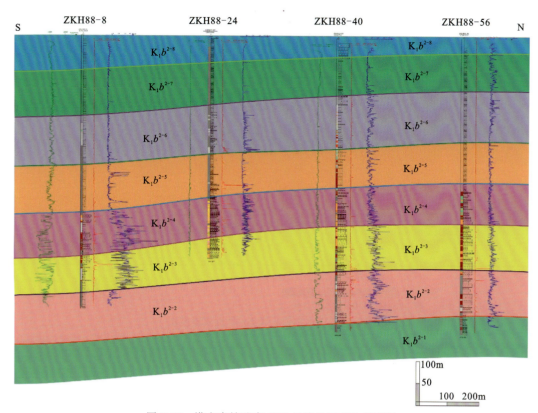

图 3-16　塔木素铀矿床 H88 号线地层对比剖面图

三、巴音戈壁组上段(K_1b^2)层序地层分布规律

目前,塔木素铀矿床铀矿体主要赋存于巴音戈壁组上段(K_1b^{2-2}—K_1b^{2-5})砂体中,具体介绍如下。

1. 巴音戈壁组上段(K_1b^{2-2})分布规律

塔木素铀矿床巴音戈壁组上段(K_1b^{2-2})厚度呈北西-南东向展布,整体呈自北向南减薄的趋势(图 3-17);地层厚度范围为 1.18～146.8m,平均厚度为 92.74m,最厚为 146.8m(ZKH32-32)。厚度高值区(厚度＞120m)主要分布在西北部和北部,两个高值区被 ZKH52-48 一带地层厚度低值区所分隔(图 3-17)。西北部高值区整体呈窄条带状沿北西-南东向展布,占据矿床西北部大部分区域,延伸范围较大,大致分为 3 支向南、南东方向延伸。北部高值区分布范围较小,整体呈宽条带状向南展布,分布范围不大。矿床南部巴音戈壁组上段(K_1b^{2-2})厚度较薄,一般为 70～90m。

2. 巴音戈壁组上段(K_1b^{2-3})分布规律

塔木素铀矿床巴音戈壁组上段(K_1b^{2-3})厚度在 70～114m 之间,平均厚度 91m。地层大致呈北西-南东向展布,具有向南东方向逐渐减薄的趋势(图 3-18)。矿床地层厚度具有一个规模较大高值区,位于矿床的北部,其形态呈指状展布,大致沿北西向南东方向延展,高值区地层厚度在 90～114m 之间(图 3-18)。此外,ZKH88-40 钻孔附近还存在一个规模较小的高值区,地层厚度最大可达 102m。地层厚度的低值区位于矿床东南部和西南部,地层厚度一般小于 80m,与地层厚度高值区差距较大(图 3-18)。综上所述,巴音戈壁组上段(K_1b^{2-3})厚度北厚南薄,厚度分布不稳定,变化较大。

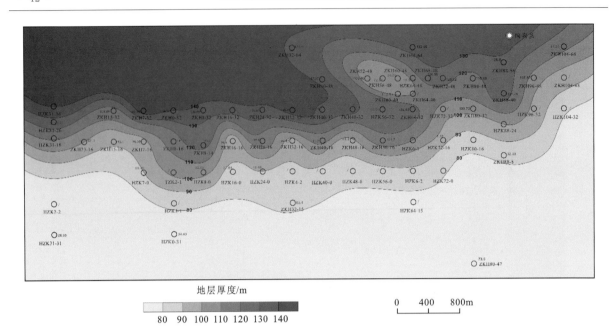

图 3-17 塔木素铀矿床 K_1b^{2-2} 地层厚度图

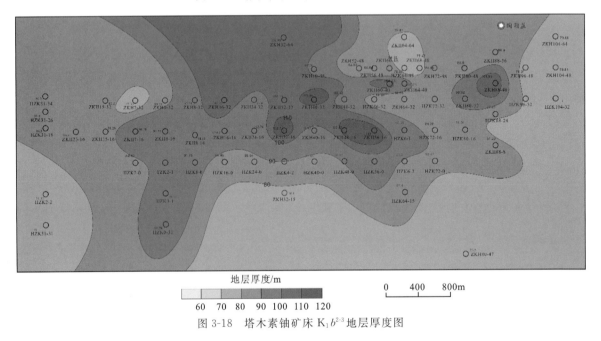

图 3-18 塔木素铀矿床 K_1b^{2-3} 地层厚度图

3. 巴音戈壁组上段(K_1b^{2-4})分布规律

巴音戈壁组上段(K_1b^{2-4})厚度呈北西-南东向展布,整体自北西向南东方向减薄(图 3-19);厚度范围为 15.42~124.25m,平均厚度为 98.5m,最厚为 124.25m(ZKH32-32)。高值区主要分布在矿床西北部和中部,在高值区中有两个厚度中心(ZKH32-32 和 ZKH24-0 一带),呈独立的岛状分布(图 3-19);高值区整体呈宽条带状展布,分支较少,主要向南、南东和东部延伸。低值区主要分布在北部 ZKH88-56 井一带以及西南部 HZK0-31 一带,厚度在 80~100m 之间。

4. 巴音戈壁组上段(K_1b^{2-5})分布规律

巴音戈壁组上段(K_1b^{2-5})厚度在 71~118m 之间,平均厚度 97.7m。地层大致呈北西-南东向展布,具有向南东方向逐渐减薄的趋势(图 3-20)。矿床地层厚度具有一个呈带状、沿北东-南西方向展布的高

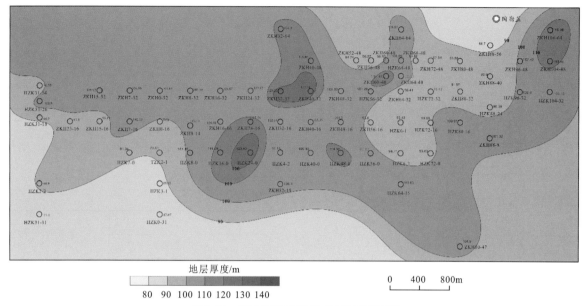

图 3-19 塔木素铀矿床 K_1b^{2-4} 地层厚度图

值区,高值区厚度在 90~118m 之间,在钻孔 HZK8-0、ZHK68-48 和 ZHK88-8 附近厚度值明显较大(图 3-20)。地层厚度的低值区位于矿床东北部和西南部,地层厚度一般小于 80m(图 3-20)。综上所述,巴音戈壁组上段(K_1b^{2-5})地层沿西北-东南方向呈带状展布,厚度分布较稳定。

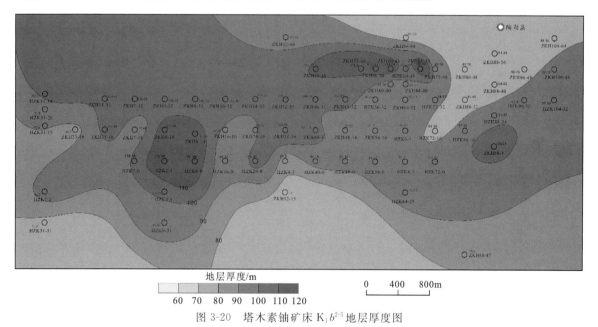

图 3-20 塔木素铀矿床 K_1b^{2-5} 地层厚度图

第二节 铀储层砂岩特征与空间分布规律

在构造活动强烈的断陷盆地,特别是断坳转换背景中产出的砂岩型铀矿床,它们拥有的铀储层砂体纵向延伸仅十几千米(Wu et al.,2022)。而大型骨架砂体是砂岩型铀矿发育的先决条件,它不仅为铀成矿流体提供运输通道,同时也提供铀的储存空间。因此,了解塔木素铀矿床砂岩特征及空间分布规律具有重要意义。

一、砂岩特征

1. 砂岩物质组成

根据砂岩薄片粒度分析结果可知,矿床巴音戈壁组上段(K_1b^2)砂岩的粒径为 0.25~2.20mm,多数不大于 1.00mm,其中中粗粒、粗粒砂岩占 74%,不等粒砂岩占 17%,中细粒及细粒砂岩含量之和不到 10%(表 3-1);偏度为 −0.2~0.8,大多数位于正偏区,仅有少数位于负偏区(图 3-21)。说明矿床巴音戈壁组上段砂岩以中粗粒、粗粒为主,这与钻孔岩芯编录相吻合。

表 3-1　巴音戈壁组上段岩石粒度统计表

含量/%				样品数/个
不等粒	中粗粒、粗粒	中粒、中细粒	细粒	
17	74	5	4	403

注:数据来自核工业包头地质矿产分析测试中心。

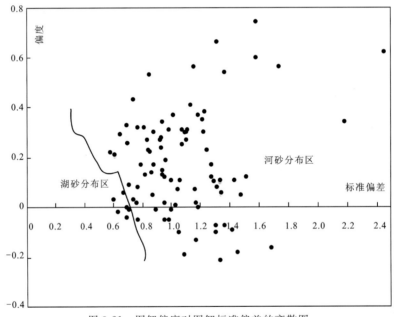

图 3-21　图解偏度对图解标准偏差的离散图

由标准偏差统计得出砂岩分选性分布:中等分选占 47%(0.58<σ<1.00),分选性差占 53%(1.00<σ<2.45)。由岩矿分析结果统计目的层砂岩的分选性:较差—差的占 46%,分选较好的占 46%,分选好的占 8%。总体上砂岩的分选性中—差。

从样品统计结果可以看出(表 3-2):巴音戈壁组上段砂岩以次棱角状为主,占 65%;棱角状次之,占 19%;磨圆度较好的样品数所占比例小。

表 3-2　巴音戈壁组上段砂体颗粒形态统计表

颗粒形态/%				样品数/个
棱角状	次棱角状	次棱角状—次圆状	次圆状	
19	65	12	4	403

注:数据来自核工业包头地质矿产分析测试中心。

(1)主要类型。巴音戈壁组上段砂岩按福克砂岩分类法,主要为长石砂岩,占86.4%;其次为岩屑长石砂岩,占10.7%;长石石英砂岩仅占2.9%(表3-3,图3-22)。

表3-3　巴音戈壁组上段砂岩主要类型

层位	砂岩类型/%			样品数/个
	长石砂岩	岩屑长石砂岩	长石石英砂岩	
K_1b^2	86.4	10.7	2.9	103

注:数据来自核工业包头地质矿产分析测试中心。

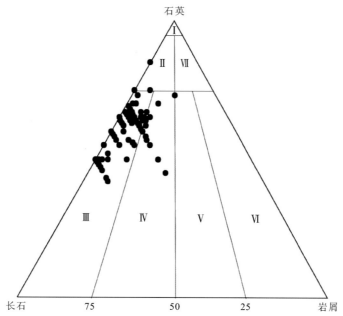

Ⅰ.石英砂岩;Ⅱ.长石石英砂岩;Ⅲ.长石砂岩;Ⅳ.岩屑长石砂岩;Ⅴ.长石岩屑砂岩;Ⅵ.岩屑砂岩;Ⅶ.岩屑石英砂岩

图3-22　巴音戈壁组上段砂岩三角图分类(福克砂岩分类)

(2)碎屑物成分。砂岩碎屑成分以石英、长石为主,岩屑(主要为花岗岩岩屑,少量火山岩岩屑和变质岩岩屑)次之,云母及重矿物少量(表3-4)。

表3-4　巴音戈壁组上段砂岩碎屑成分统计表

层位	石英/%		长石/%		岩屑/%	
	变化范围	平均含量	变化范围	平均含量	变化范围	平均含量
K_1b^2	42~85	64.1	13~50	33.6	1~41	5.3
样品数/个	103	103	103	103	90	90

石英:是碎屑的主要组成部分,含量42%～85%,平均64.1%。石英多为单晶型,镜下大多具波状消光特征,部分样品可见石英被溶蚀交代的现象。

长石:碎屑物中含量仅次于石英,含量13%～50%,平均33.6%。以斜长石为主,条纹长石次之,并含有少量的正长石和微斜长石。镜下观察长石多被溶蚀、交代,边缘不清,后生蚀变作用较强,主要表现为斜长石绢云母化,钾长石高岭土化。部分样品中可见长石的次生加大边,应为再旋回长石。

岩屑:碎屑物中岩屑平均含量5.3%,成分以花岗岩岩屑为主,少量火山岩岩屑和变质岩岩屑,与蚀源区广泛分布的二叠纪和志留纪花岗岩体相吻合。

云母:在碎屑物中的含量较低,小于1%,主要为黑云母,且多发生绿泥石化、水云母化等后生蚀变,部分褪色为白云母,部分样品中可见到黑云母由于遭受挤压而发生扭曲、变形现象。

重矿物:含量很少,主要有磁铁矿、榍石、电气石、绿帘石、石榴石、锆石等,为一套不稳定重矿物组合,其成熟度较低,母岩为蚀源区的花岗岩或变质岩。

(3)填隙物成分。巴音戈壁组上段砂岩主要为颗粒支撑类型(占91.3%),仅见少量样本为杂基支撑,占8.7%。砂岩主要由碎屑物及填隙物两部分组成,碎屑物含量72%~93%,平均86.3%。填隙物含量7%~28%,平均13.7%(表3-5),由杂基和胶结物两部分组成。杂基仅见于少数杂基支撑类型的岩石样品中,以伊利石为主,最高含量达25%;其次为高岭石和水云母,褐铁矿等星散分布于杂基中,水云母见重结晶现象。胶结物是大多数颗粒支撑类型的岩石样品中填隙物的主要组成部分。胶结物种类较多,常见的有褐铁矿、方解石、石膏、黄铁矿等,且以褐铁矿、方解石居多,次为石膏、黄铁矿、菱铁矿。

表3-5 巴音戈壁组上段砂岩碎屑含量统计表

碎屑物/%		胶结物/%		样品数/个
变化区间	平均含量	变化区间	平均含量	
72~93	86.3	7~28	13.7	103

注:统计样品剔除了偏离均值±3倍标准偏差的样品,数据来自核工业包头地质矿产分析测试中心。

(4)化学成分。巴音戈壁组上段砂岩化学全岩分析结果与砂岩克拉克值对比(表3-6),矿床无矿砂岩中SiO_2的含量明显低于砂岩克拉克值,TFe_2O_3、Al_2O_3、CaO、MgO、P_2O_5、Na_2O的含量则高于砂岩克拉克值,其他成分含量较为接近。

表3-6 巴音戈壁组上段砂岩(围岩)化学全岩分析统计表(围岩样品数:18) 单位:%

成分	烧失量	SiO_2	FeO	TFe_2O_3	Al_2O_3	TiO_2	MnO	CaO	MgO	P_2O_5	K_2O	Na_2O
含量	12.71	51.50	0.94	3.08	8.08	0.40	0.07	12.14	3.93	0.73	1.88	3.61
砂岩克拉克值		78.33	0.30	1.07	4.77	0.25	0.05	5.50	1.16	0.08	1.31	0.45

注:铀品位小于0.01%统计到围岩中,数据来自核工业包头地质矿产分析测试中心。

2. 细碎屑岩物质组成

巴音戈壁组上段(K_1b^2)泥岩、粉砂岩以块状构造为主,局部具水平层理,泥质物为泥晶方解石、重结晶的水云母、伊利石、高岭土等,见少许细脉状碳屑和黄铁矿。岩屑成分主要为石英和长石,见少许花岗岩屑。另外可见泥灰岩,主要为泥晶方解石,含少量细脉状碳屑。细碎屑岩可见生物扰动构造。

二、铀储层砂体平面分布规律

1. 巴音戈壁组上段(K_1b^2)顶底板埋深及厚度

在矿床及其附近巴音戈壁组上段(K_1b^2)直接出露地表,局部上覆薄层第四系松散沙土,因此巴音戈壁组上段厚度等值线形态与底板埋深等值线形态保持一致(图3-23),即沉积厚度基本上反映了埋深情况。浅层地震勘探解译在其西部L07—L10号测线之间的中南部巴音戈壁组上段因上覆的乌兰苏海组及薄层第四系,导致巴音戈壁组上段沉积厚度略小。至最西端的L11号测线巴音戈壁组上段只覆盖了薄层第四系,因而其沉积厚度和底板埋深又具有相似性。总体上看,从北东向南西沉积厚度逐渐变薄。北西部呈宽缓斜坡带而南东部呈陡坡,南东部的厚度等值线较为密集,由此来看,北西部的成矿条件要比南东部更为优越。目前发现的塔木素铀矿床就位于北西部宽缓斜坡带上。

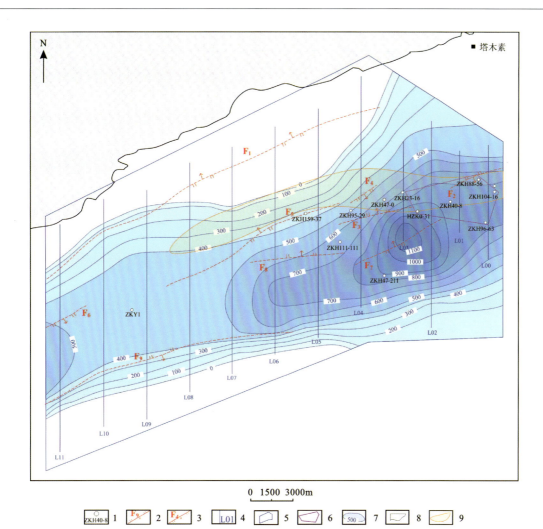

1.钻孔;2.浅层地震解译逆断层及编号;3.浅层地震解译正断层及编号;4.浅层地震测线及编号;5.测区范围;
6.矿床范围;7.巴音戈壁组上段厚度等值线/m;8.前中生代地层及岩体;9.地震解译推断砂体及成矿有利区段

图 3-23 塔木素铀矿床巴音戈壁组上段厚度平面图

2. 砂岩、泥岩分布特征

从砂体等值线图上来看,巴音戈壁组上段(K_1b^2)砂体总体呈近东西向展布,由若干个近南北走向的朵体组成,砂岩朵体的展布方向代表了主水流的运移方向。据已有钻孔资料揭露情况可知,上段砂体厚度一般大于 50m,且 H0—H72 线之间砂体厚度较大,向两侧递减。总体来看,砂体在 150~250m 范围内成矿较好(图 3-24),矿体厚度相对变大、品位相对较高。泥岩等厚度图显示南部和东部泥岩厚度较大,正好与砂体等厚度图呈反向关系,泥岩厚度在 115~215m 范围内矿化相对较好(图 3-25)。含砂率等值线图与砂岩等厚度图形态有较好的吻合性,含砂率在 30% 以内的地段铀矿化相对较好(图 3-26)。

(1)第一岩性段(K_1b^{2-1})砂体特征。巴音戈壁组上段第一岩性段(K_1b^{2-1})主要发育在 H32—H104 线之间、纵 H32 线以北,纵 H32 线以南以及 H32 线以西揭露不完全。第一岩性段砂体厚度呈近东西向带状展布(图 3-27),砂体厚度范围为 2.70~54.3m(未见底),平均厚度 30.18m,最厚为 54.3m(ZKH64-64)。高值区集中在矿床北部,大致呈梭状南延伸。第一岩性段含砂率展布特征与砂体厚度展布特征基本一致,呈近东西向展布,整体呈窄条带状分布;含砂率值分布范围 3.4%~99%,平均值 60.9%,最大值为 99%(ZKH68-48)。含砂率高值区集中在 H60—H72 线之间,向南、南东方向延伸。砂体中主要岩性为砾岩、砂质砾岩与含砾粗砂岩,代表着分流河道主流向。

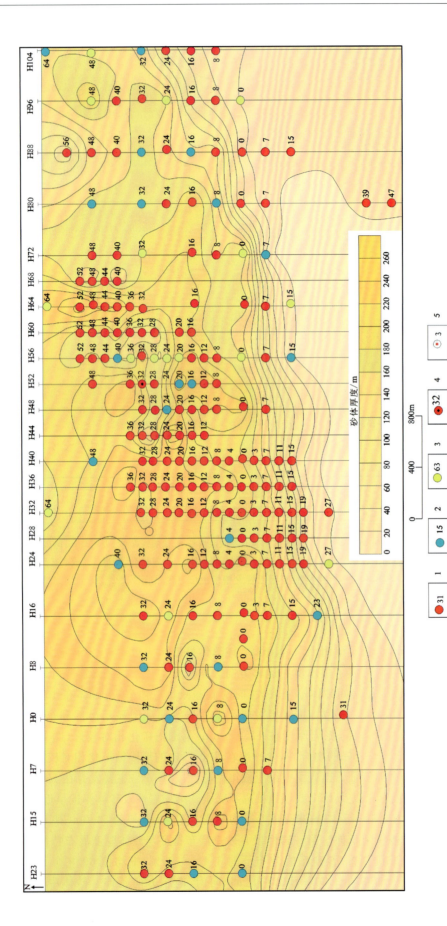

图3-24 塔木素铀矿床巴音戈壁组上段(K_1b^2)砂体厚度等值线图

1. 工业铀矿孔；2. 铀矿化孔；3. 铀异常孔；4. 物探参数孔；5. 水文地质孔

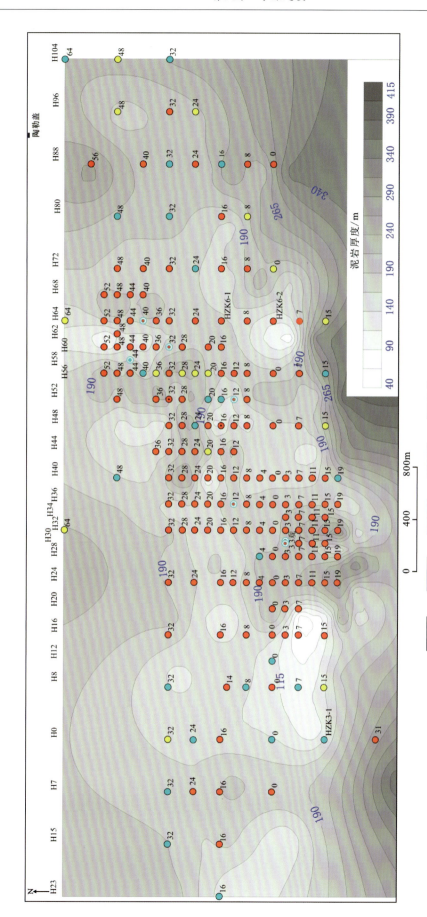

图3-25 塔木素铀矿床巴音戈壁组上段(K_1b^2)泥岩厚度等值线图

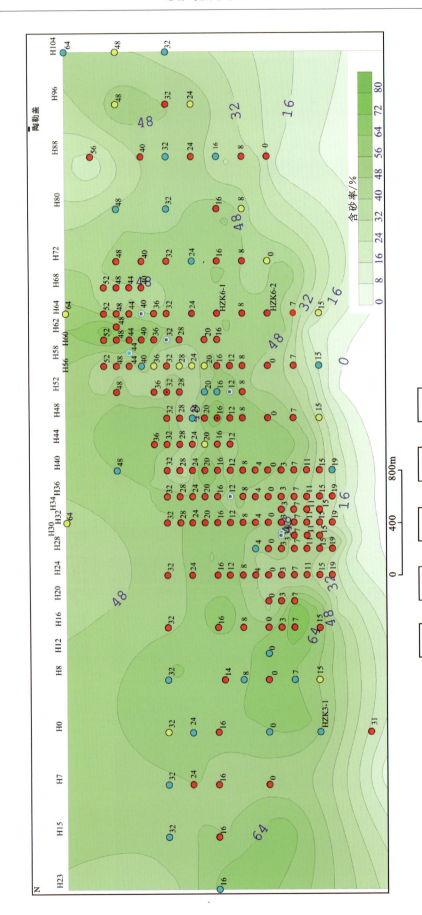

图3-26 塔木素铀矿床巴音戈壁组上段（K_1b^2）含砂率等值线图

1. 工业铀矿孔；2. 铀矿化孔；3. 铀异常孔；4. 物探参数孔；5. 水文地质孔

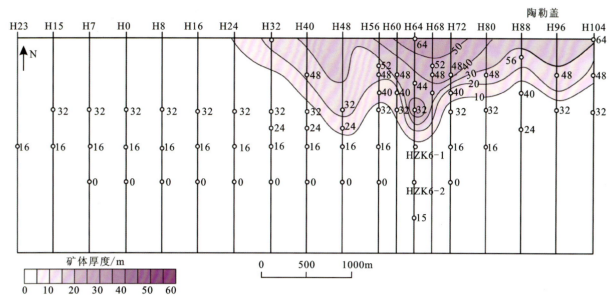

图 3-27 塔木素铀矿床巴音戈壁组上段第一岩性段（K_1b^{2-1}）砂体厚度图

(2) 第二岩性段（K_1b^{2-2}—K_1b^{2-5}）特征。巴音戈壁组上段第二岩性段（K_1b^{2-2}—K_1b^{2-5}）在矿床内最为发育，砂体由北西向南东方向发育，厚度最大值为 268m（ZKH44-24），最小值为 1.2m（HZK0-31），平均值为 164.2m（图 3-28，表 3-7）。砂体的高值区主要集中在矿床中部 H8—H64 线，次为矿床北东部 H80—H96 线，整体集中在纵 H0 线以北，分布范围广；砂体向南、南东呈指状分叉，尤以 H24—H48 线最为明显，整体呈北东向展布。砂体低值区主要位于矿床东西两侧，呈蛇曲状展布；普遍厚度在 10～40m 之间。第二岩性段（K_1b^{2-2}）砾岩（包括砾岩、砂质砾岩与含砾粗砂岩）厚度与砂体厚度具有较好的一致性，均为从北向南分布，不同的是，砾岩分布的分叉性更加明显，且以 H24—H48 线之间延伸最远；砾岩厚度高值区被 3 个低值小区域分隔，代表着多期分流河道的分支复合特征。第二岩性段含砂率展布特征与砂体厚度的分布具有很好的匹配性，总体上仍为由北向南展布，含砂率最大值为 72.3%（ZKH16-32），最小值为 1%（ZKH32-63），平均值为 45.2%，其中纵 H0 线以北含砂率平均值为 65%。含砂率的高值区主要分布在矿床中部，含砂率一般大于 60%，集中在 H8—H24 线、H32—H44 线，在 H64 线及 H23 线附近形成垂状高值区，整体向南、南东、南西方向呈指状分叉，以 H8—H24 线延伸最远，标志着（水下）分流河道发育范围较广。含砂低值区主要分布在矿床东西两侧，其中在 ZKH88-56、ZKH32-64 以及 ZKH7-16 附近形成孤岛状低值区，含砂率的低值区主要分布在矿床南部，走向近北东东向，呈港湾状。泥岩厚度的展布特征与砂体厚度、含砂率的展布特征正好相反，泥岩厚度的高值区集中在矿床南部，低值区的分布与含砂率低值区分布吻合性较高，标志着分流间湾或前缘泥发育的大致区域。

(3) 第三岩性段（K_1b^{2-6}—K_1b^{2-8}）特征。巴音戈壁组上段第三岩性段（K_1b^{2-6}—K_1b^{2-8}）在矿床内普遍发育，砂体厚度一般为 5.5～48m，最大值为 48m（ZKH56-48），砂体集中在纵 H24 线以北，以 H32—H48 线最为发育（图 3-29）；高值区向南、南东呈指状分叉，延伸较短。第三岩性段泥岩厚度一般为 80～360m，越向南泥岩厚度越大。在砂体厚度的高值区分叉中分布有泥岩厚度的中低值区，代表着前扇三角洲（滨浅湖）发育的大致区域边界。

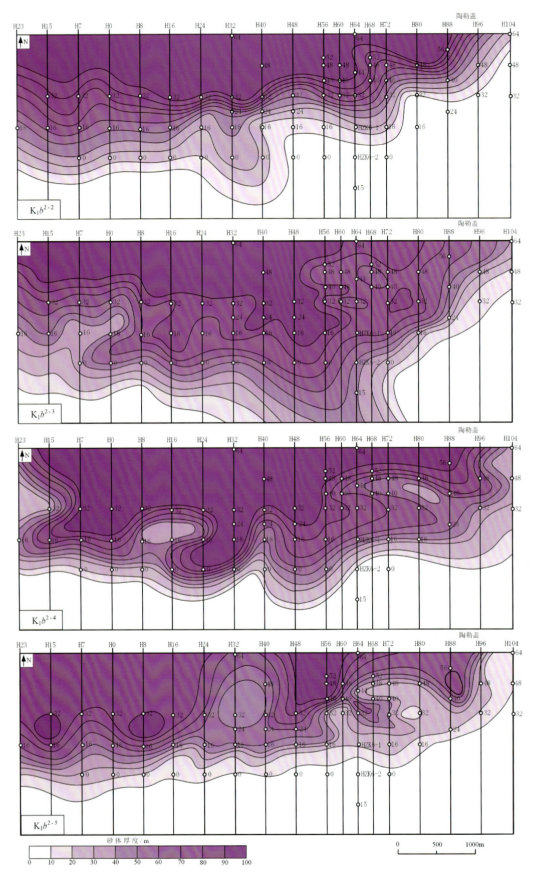

图 3-28 塔木素铀矿床巴音戈壁组上段第二岩性段(K_1b^{2-2} — K_1b^{2-5})砂体厚度图

表 3-7 巴音戈壁组上段第二岩性段（K_1b^{2-2}—K_1b^{2-5}）砂体厚度统计表　　　　　单位：m

序号	孔号	K_1b^{2-2}		K_1b^{2-3}		K_1b^{2-4}		K_1b^{2-5}	
		地层厚度	砂体厚度	地层厚度	砂体厚度	地层厚度	砂体厚度	地层厚度	砂体厚度
1	HZK7-0	91.23	66.20	88.82	61.60	91.15	72.70	104.49	31.80
2	HZK3-1	/	/	70.85	50.40	100.10	16.20	104.50	2.60
3	HZK0-31	88.28	1.20	91.00	0	92.80	0	105.20	0
4	HZK8-0	53.08	12.00	90.50	89.00	101.00	89.00	111.50	3.00
5	HZK16-0	38.40	19.90	84.00	80.00	119.60	107.60	96.40	19.00
6	HZK24-0	11.51	5.50	85.60	75.10	123.50	118.00	100.10	6.00
7	HZK40-0	/	/	22.22	22.22	106.90	59.90	95.30	9.00
8	HZK48-32	87.20	66.90	92.60	80.50	104.50	17.50	107.20	8.00
9	HZK48-0	/	/	47.10	43.10	115.10	87.60	93.30	9.50
10	ZKH56-48	72.85	69.95	80.10	75.80	97.90	36.00	110.60	0
11	HZK56-32	22.24	20.04	84.40	74.70	101.10	79.60	97.50	16.40
12	HZK56-16	/	/	/	/	100.58	67.98	97.50	18.00
13	HZK56-0	/	/	/	/	64.67	22.17	95.50	7.00
14	ZKH60-48	57.03	57.03	81.70	74.40	102.30	13.00	115.70	24.10
15	ZKH64-64	75.80	47.60	79.70	71.40	105.00	16.70	89.30	5.50
16	HZK64-48	14.66	14.66	77.50	72.50	100.40	32.50	107.30	23.50
17	ZKH64-32	78.10	58.60	86.80	24.00	95.90	20.00	97.20	3.00
18	HZK6-2	/	/	20.60	20.60	95.20	38.60	89.70	0
19	HZK64-15	/	/	67.75	0	103.50	0	97.90	0
20	ZKH68-48	77.80	66.30	77.60	65.10	94.60	3.50	113.30	7.50
21	ZKH72-48	71.20	51.70	85.30	68.30	91.60	27.60	99.90	16.50
22	HZK72-32	/	/	/	/	20.28	18.28	90.20	35.50
23	HZK72-16	1.50	1.50	84.20	80.20	99.70	72.40	83.90	16.20
24	HZK72-0	/	/	58.43	46.43	88.30	18.00	90.40	2.00
25	ZKH80-48	82.40	57.10	89.10	73.20	95.60	29.50	84.00	16.00
26	ZKH80-32	95.60	31.10	97.30	84.40	91.50	51.40	84.50	6.00
27	HZK80-16	/	/	78.10	66.70	104.10	69.20	96.90	18.20
28	ZKH88-56	75.80	75.80	104.10	62.50	93.20	21.30	93.90	0
29	ZKH88-40	88.30	21.00	101.60	61.50	90.60	42.20	85.20	3.00
30	ZKH88-24	/	/	47.37	40.90	96.10	68.90	96.00	12.80
31	ZKH88-8	32.04	0	84.40	18.00	101.00	41.30	106.80	0
32	ZKH96-48	80.60	35.40	94.80	62.40	90.20	14.00	106.50	3.60
33	HZK96-32	/	/	35.00	11.20	95.60	42.80	78.00	5.30
34	ZKH104-64	/	/	77.41	53.10	83.00	69.40	109.00	27.50
35	ZKH104-48	68.33	15.30	88.20	59.50	90.60	33.00	113.40	8.10
36	HZK104-32	/	/	45.25	24.60	98.00	13.00	80.40	8.00

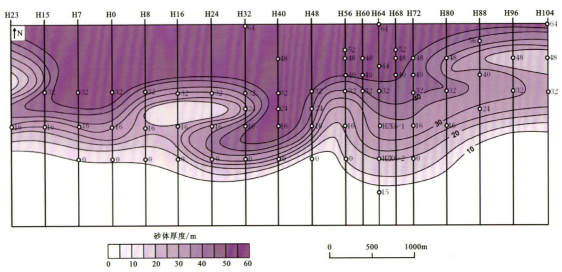

图 3-29　塔木素铀矿床巴音戈壁组上段第三岩性段（K_1b^{2-6}—K_1b^{2-8}）砂体厚度图

第三节　沉积体系分析

塔木素铀矿床找矿目的层巴音戈壁组上段（K_1b^2）垂向上具有多样的岩性组合、沉积旋回、测井曲线等特征，并通过系统的钻孔岩芯编录，对典型成因标志的识别，能够准确判别出沉积体系类型和沉积环境（焦养泉等，2012；Wu et al.，2022）。

一、典型成因标志

1. 岩芯沉积学分析

巴音戈壁组上段（K_1b^2）存在三大类典型的岩性特征：第一大类是细粒暗色泥岩沉积，代表了低能安静的沉积环境（图 3-30a）；第二大类是呈块状或递变韵律的富泥含砾砂岩，无分选，杂乱堆积（图 3-30b），含斑性明显，通常还伴生有同沉积断层构造（图 3-30c）和各种类型的滑塌构造（图 3-30d），是重力流沉积的典型代表；第三大类是各种交错层理发育的砂岩和含砾砂岩（图 3-30e），具有较好的分选性（图 3-30f），代表了某种牵引流沉积。

2. 砂分散体系

砂分散体系的几何特征也是重要的成因标志之一。巴音戈壁组上段第二岩性段（K_1b^{2-2}—K_1b^{2-5}）含矿层位 4 个小层序组的砂体厚度、砾岩厚度和含砂率图均表现出了由北向南沿沉积倾向快速尖灭的几何特征（从盆缘向腹地延伸仅 14km）（图 3-31a），在横向上一些层位还展示为由多个朵体衔接构成的裙状沉积体（图 3-31b、c、d）。而泥岩等厚图发育趋势正好与砂分散体系图呈负相关（图 3-31e）。

3. 垂向序列

每种沉积体系特征的垂向序列也是典型成因标志。塔木素铀矿床巴音戈壁组上段（K_1b^2）特征垂向序列是先倒粒序后正粒序的沉积组合，这是三角洲的典型垂向序列（图 3-31f）。一个完整的三角洲序列

a. 暗色泥岩(顶部发育水平纹理),HZK60-40,503.5m,K_1b^{2-3};b. 富泥含砾混杂堆积物(包含钙质姜结核),ZKH80-32,204.3m,K_1b^{2-6};c. 同沉积正断层,ZKH24-32,503.85m,K_1b^{2-3};d. 水下滑塌构造,ZKH80-32,236m,K_1b^{2-6};e. 具有大型交错层理的砂岩,ZKH80-32,509m,K_1b^{2-3};f. 分选较好的粗砂岩,ZKH80-32,398m,K_1b^{2-4};g. 叶肢介化石,ZKH80-32,119.2m,K_1b^{2-7};h. 团块状泥灰岩结核,HZK60-40,322.4m,K_1b^{2-5};i. 含膏泥岩沉积,ZKH80-32,74.8m,K_1b^{2-7}

图 3-30 塔木素铀矿床巴音戈壁组上段(K_1b^2)钻孔岩芯典型成因标志(据 Wu et al.,2022)

总是从湖泊扩张开始的,早期发育比较单纯的湖相泥岩;向上由于三角洲的进积作用,湖泊开始接受快速充填,水下分流河道、远端河口坝和近端河口坝频繁发育;随后水体逐渐变浅,三角洲平原上的分流河道大量发育,相对粗碎屑沉积物大量堆积;当分流河道开始废弃时,三角洲也进入衰退期。此时,三角洲平原被分流间湾、决口扇和决口河道所控制。所以,一个完整的三角洲序列在垂向上总体显示向上变粗然后变细的特征。

4. 测井曲线解释

测井曲线的各个形态均反映不同的沉积环境。形态主要包括钟形、漏斗形、箱形、对称齿形、反向齿形、正向齿形、指形等以及几种形态组合的复合形态,不同沉积环境下形成的地层,在纵向上有不同的岩相组合,在横向上有不同的分布范围及沉积体的几何形态。提取测井曲线的变化特征,包括幅度特征、形态特征等以及其他测井解释结论,将地层剖面划分为有限个测井相,用岩芯分析等地质资料对这些测井相进行刻度,用数学方法及知识推理确定各个测井相到地质相的映射转换关系,最终利用测井资料来描述、研究地层的沉积体系。

巴音戈壁组上段第二岩段(K_1b^{2-2}—K_1b^{2-5})电阻率测井曲线变化较明显,具有高幅值,锯齿状的形态(图 3-32),幅值较大,岩性以粗砂岩为主,砂泥含量比值较大,具有典型扇三角洲前缘成因相特征,向上整体幅值降低,顶界面变化较为平缓,具扇三角洲平原特征。前扇三角洲(湖相)沉积岩性主要为泥岩、

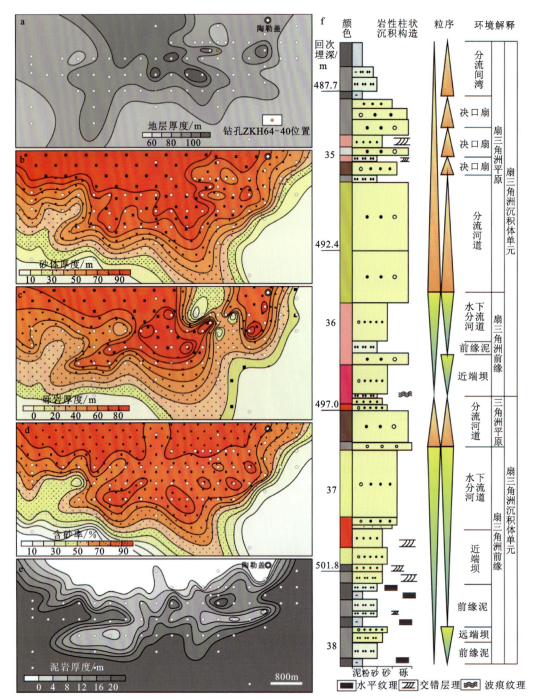

a. 地层厚度图；b. 砂体厚度图；c. 砾岩厚度图；d. 含砂率图；e. 泥岩厚度图；f. HZK64-40钻孔的垂向序列及沉积环境解释

图 3-31　塔木素铀矿床巴音戈壁组上段第三层序组（K_1b^{2-3}）沉积体几何形态和垂向序列图（据 Wu et al., 2022）

泥质粉砂岩、粉砂岩等，中间夹有砂岩薄层。在电性测井曲线上较为平直，变化不大（图3-32）。扇三角洲前缘是扇三角洲发育最好的部分，矿区常见为分流河道沉积，岩性是砂岩组合夹薄层泥岩、粉砂岩，构成下细上粗的进积型准层序组，粒度变化较大，曲线组合形态为锯齿形-漏斗形或锯齿形-箱形组合。自然电位自下而上由基线或低负偏向高负变化。扇三角洲平原为进积型准层序组，粒级变化较大，一般沉积物主要为含砾砂岩、砂岩，分选性较差。自然电位曲线和视电阻率曲线组合形态为不规则的锯齿形或钟形。

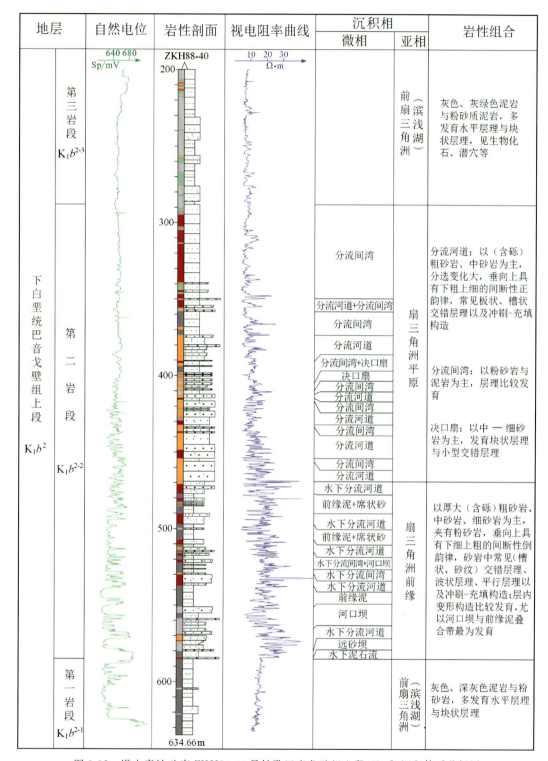

图 3-32　塔木素铀矿床 ZKH80-40 号钻孔巴音戈壁组上段（K_1b^2）沉积体系分析图

二、沉积体系类型判别

通常情况下，将富含淡水动物化石（图 3-30g）的大套厚层暗色泥岩沉积解释为湖泊沉积体系，细粒沉积物中产出的团块状泥灰岩（图 3-30h）和星点状石膏（图 3-30i）则预示着沉积期具有相对干旱的古气候背景。而将重力流沉积和牵引流沉积的集合体解释为冲积扇沉积体系。如果说由砂分散体系表征的沉积体在沉积体系内部,那么成因相就是最基本的构成单元,因为各种成因相具有相对固定的空间配置规律。充分认识巴音戈壁组上段扇三角洲沉积体系和湖泊沉积体系各种成因相组合,有助于界定断拗转换背景中沉积体系在铀成矿过程中所发挥的基本功能。

按照传统的观点,扇三角洲沉积体系可以划分为扇三角洲平原、扇三角洲前缘和扇前三角洲三种成因相组合(Nemec and Steel,1988;李思田,1988,1996;焦养泉等,1998)。对于具有三角洲岸线的湖泊沉积体系而言,两种沉积体系的部分成因相组合在空间上是重叠的,可以根据湖泊岸线位置,以及正常和洪泛天气条件下三角洲作用的影响范围划分各自成因相的组合(图 3-33b)。这样一来,三角洲前缘和前三角洲实际上就是湖泊沉积体系的滨浅湖相,所以具有三角洲岸线的湖泊沉积体系主要是指开阔湖沉积(半深湖相)。几何形态若能符合冲积扇沉积体系解释,则湖泊沉积体系的存在以及特征的三角洲垂向序列的存在不能支持对冲积扇沉积体系的解释,实际上应将重力流沉积和牵引流沉积的集合体定义为扇三角洲沉积体系。这样一来,塔木素铀矿床巴音戈壁组上段(K_1b^2)主要为湖泊和扇三角洲沉积体系(图 3-34)。

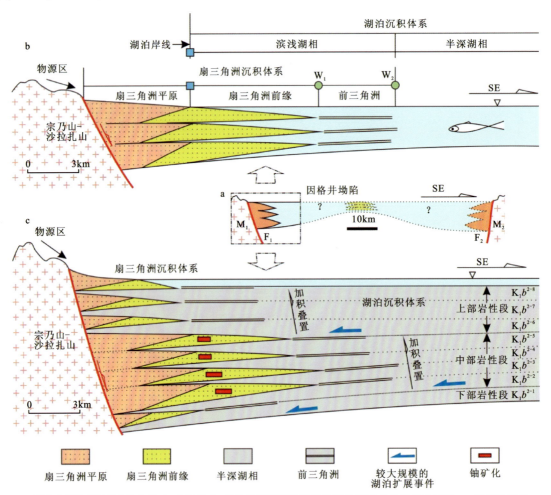

a.因格井坳陷的区域构造格架;b.矿床构造-充填格局及两类沉积体系空间配置关系概念模型;c.矿床巴音戈壁组上段层序地层格架及沉积体系域垂向叠置模型(注意铀矿化与中部岩性段大规模扇三角洲沉积体系关系密切)
M_1.宗乃山-沙拉扎山隆起;M_2.巴彦诺尔公隆起;F_1.宗乃山-沙拉扎山南缘断裂;F_2.巴丹吉林断裂;W_1.正常天气条件下三角洲影响的范围;W_2.洪泛时期三角洲影响的范围

图 3-33 断拗转换构造背景制约下的沉积体系空间配置格架及垂向演化规律(据 Wu et al.,2022)

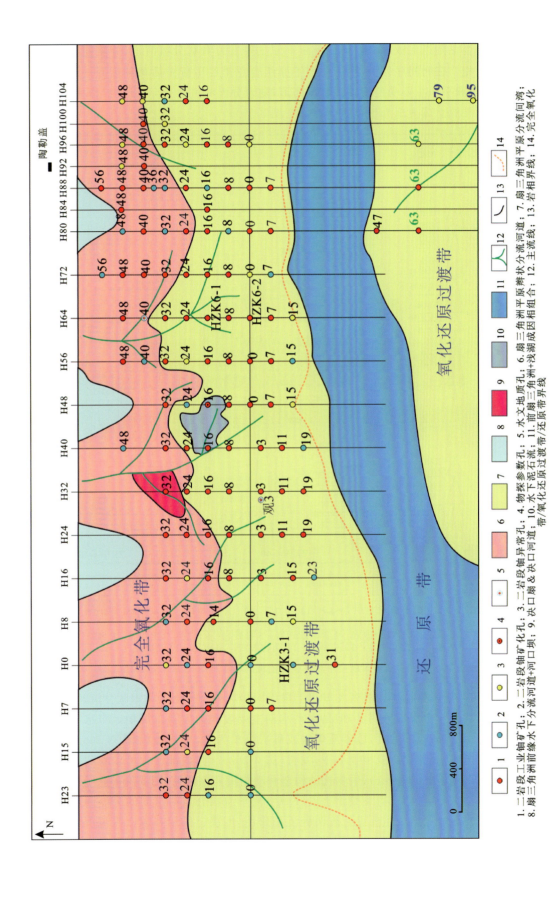

图3-34 塔木素铀矿床巴音戈壁组上段第二岩性段（$K_1b^{2-2}-K_1b^{2-3}$）沉积体系及岩石地球化学图

1. 二岩段工业铀矿孔；2. 二岩段铀矿化孔；3. 二岩段铀异常孔；4. 物探参数孔；5. 水文地质孔；6. 扇三角洲成因相组合；7. 扇三角洲平原分流间湾；8. 扇三角洲前缘水下分流河道+河口坝；9. 决口扇&决口河道；10. 水下泥石流；11. 前扇三角洲+浅湖成因相组合；12. 主流线；13. 岩相界线；14. 完全氧化带/氧化还原过渡带/还原带界线

1. 扇三角洲平原成因相组合

塔木素铀矿床巴音戈壁组上段（K_1b^2）扇三角洲平原主要发育辫状分流河道、分流间湾以及决口扇和决口河道三种成因相。在时间序列上，扇三角洲平原组合总是经历着由活动到废弃的转化。在扇三角洲发育早期，扇三角洲平原主要受控于主干分流河道，随着分流河道的废弃，以决口作用为主，所以在垂向序列上扇三角洲平原总体表现为正粒序（图3-32、图3-35）。

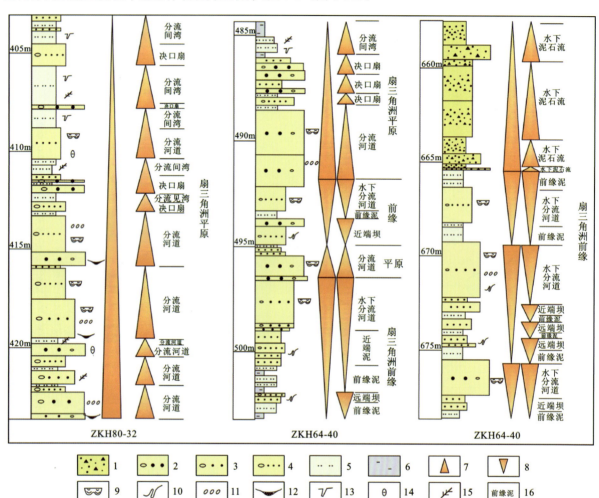

1.水下泥石流；2.含砾粗砂岩；3.含砾中砂岩；4.含砾细砂岩；5.粉砂岩；6.泥岩；7.正粒序；8.倒粒序；9.槽状交错层理；10.滑塌层理；11.叠瓦构造；12.冲刷面；13.动物潜穴；14.泥砾；15.植物茎干；16.沉积微相

图3-35 塔木素铀矿床扇三角洲平原及前缘沉积序列图（据焦养泉，2012）

（1）辫状分流河道。塔木素铀矿床巴音戈壁组上段（K_1b^2）起骨架作用的是辫状分流河道砂体，辫状分流河道在正常水流期间牵引流特色明显，但是在洪水期主要表现为泥石流沉积。与水下分流河道相比，辫状分流河道砂体具有较粗的粒度，以砂质砾岩或砾岩沉积为主，呈透镜状（图3-36a），其底界面有明显的冲刷面及滞留沉积物（如泥砾或植物茎干）发育（图3-36b）。其内部常常可以看到砾石的叠瓦状构造和大型槽状交错层理（图3-37a～c），生物扰动构造和动物潜穴也常见（图3-36c）。

（2）分流间湾。塔木素铀矿床巴音戈壁组上段（K_1b^2）位于辫状分流河道间的分流间湾主要以细粒沉积物充填为特征。在分流间湾中主要进行着两种沉积作用，即决口作用和越岸漫流沉积作用。由于其通常与湖泊连通，覆水标志和暴露标志可以共同出现（图3-30h、图3-36d），所以植物茎干、根化石、动物潜穴都很发育（图3-37f），动物潜穴往往大量出现，种类繁多、产状不一，以粗大的垂直潜穴为特征，代表了极浅水或周期覆水的沉积环境。

a. 冲刷作用明显,具有大型槽状交错层理的砾质辫状分流河道(0360982,4504799);b. 砂质辫状分流河道内部冲刷面上的滞留沉积物(碳质碎屑),ZKH60-40,K_1b^{2-3},519.4m;c. 辫状分流河道内部的生物扰动构造和动物潜穴(0371492,4505564);d. 分流间湾中的大量动物扰动构造(0370982,4504799);e. 具有暴露标志的红色混杂泥石流沉积,ZKH80-32,351.0m,K_1b^{2-6};f. 具有钙质姜结核的红色泥石流沉积,ZKH72-48,260m,K_1b^{2-6}

图 3-36　塔木素铀矿床巴音戈壁组上段(K_1b^2)扇三角洲平原成因相沉积标志(据焦养泉,2012)

(3)决口扇和决口河道。塔木素铀矿床巴音戈壁组上段(K_1b^2)决口扇是指洪水期间分流河道中的洪水冲破天然堤进入分流间湾形成的席状砂,决口河道常发育于决口扇层序的上部或者顶部,是决口事件持续发育形成的扇面河道,呈小型透镜体状,发育槽状交错层理。两种决口沉积作用是一种突发性事件,常常具有重力流色彩,如泥石流沉积。通常上泥石流以无分选、杂基含量高和杂基支撑为特色(图3-30b,图3-36e),在更多的情况下泥石流会经历牵引流的改造。研究区,泥石流中的钙质结核记录了一种干旱暴露的古气候和环境标志(图3-36f)。决口沉积作用对三角洲的演化很重要,它一方面可淤平三角洲平原,另一方面可导致分流河道的改道。

2. 扇三角洲前缘成因相组合

塔木素铀矿床巴音戈壁组上段(K_1b^2)扇三角洲前缘是扇三角洲平原的水下延伸部分,以河口坝砂体或水下分流河道砂体与扇三角洲前缘泥构成的互层沉积为主。扇三角洲前缘是从湖泊泥岩开始,随着扇三角洲的进积作用,河口坝由远端的河口坝逐渐过渡为近端河口坝,从近端河口坝逐渐演变为水下分流河道,所以扇三角洲前缘在垂向上显示了由下向上变粗的倒粒序(图3-31f)。另外,由于受断陷盆地性质的影响,扇三角洲前缘还大量发育水下泥石流,这种突发的沉积事件在垂向序列上有时表现为正粒序,有时表现为倒粒序。

a.砾质辫状分流河道,冲刷作用明显;b.辫状分流河道砾石叠瓦状构造;c.砾质辫状分流河道砂岩,发育交错层理;d.分流间湾和辫状分流河道的空间配置组合;e.分流间湾沉积;f.分流间湾中大量动物扰动构造在时间序列上,扇三角洲平原组合总是经历着由活动到废弃的转化,所以在垂向序列上三角洲平原总体表现为正粒序

图3-37 塔木素铀矿床巴音戈壁组上段(K_1b^2)扇三角洲平原沉积

(1)水下分流河道。水下分流河道以灰色、褐黄色和褐红色砂岩为主,分选磨圆均较好。通常发育大型槽状交错层理,河道底部往往有滞留沉积物。它们是分流河道砂体向湖泊水体中的延伸部分,所以被包围于扇三角洲前缘泥和河口坝砂体中。水下分流河道沉积物粒度以中等—细粒沉积物为主,概率曲线以跳跃总体和悬浮总体为主,滚动总体较少;跳跃总体斜率为45°,分选中等。平均值 Mz 为1.24,粒度中等;分选系数 Σ 为0.90,分选中等;偏度 SK 为0.03,主峰偏于细;峰度 KG 为0.99,中等(近正态)。

(2)河口坝(近端坝、远端坝)。河口坝砂体通常与三角洲前缘泥互层,根据离河口的远近、砂泥含量比例的高低、砂体厚度的大小,可以将其分为近端河口坝和远端河口坝。典型的近端河口坝砂体呈透镜状,底部冲刷现象明显,前缘泥所占比例较少。远端砂体比近端河口坝砂体薄,呈不连续的席状分布,前缘泥占有相当大的比例。由于水动力强弱不同,近端河口坝的粒度比远端坝要粗(图3-38)。

另外,由于河口坝或水下分流河道砂体在沉积时饱含孔隙水,所以在上覆沉积物荷载下容易形成水下滑塌构造,派生有液化变形构造(图3-39)。事实上,大量发育的液化变形构造也被视为判别水下环境的一种标志,水下滑塌构造及其沉积物和小型同生沉积断层是扇三角洲中最为常见的现象之一,当水下滑塌事件集中发育或者规模较大时,就可以单独作为一种成因来看待。水下滑塌沉积物是在扇三角洲陡坡背景和重力失衡条件下,原生沉积物整体搬运和再分配的沉积产物,主要表现为产状异形、沉积物揉皱、原始沉积结构遭到破坏以及局部派生有液化变形构造。动物潜穴往往也伴随这些成因相出现,而

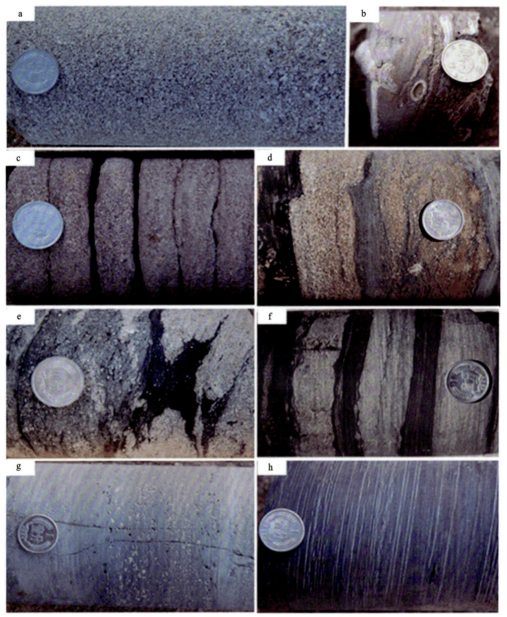

a.块状构造-粒序层理;b.含大量动物骨骼的河道底部滞留沉积物;c.大型交错层理发育;d.近端河口坝,见小型同沉积断层;e.近端河口坝,见大量煤屑;f.远端河口坝;g.远端河口坝;h.前缘泥

图 3-38 塔木素铀矿床巴音戈壁组上段(K_1b^2)扇三角洲前缘水下分流河道、河口坝和前缘泥沉积(据焦养泉,2012)

且种类繁多,产状不一,它往往代表了浅水的沉积环境。

(3)水下泥石流。水下泥石流通常发育在湖相泥岩、粉砂岩中,规模从几厘米到十几米不等,是一种具有重力流性质的沉积物,其形成可能与较大规模的洪水事件有关。底部为突变的接触界面,有时会携带大量的动植物碎屑,向上粒度变细并以块状为特征,含斑性很强。但是由于总体位于水下,这些重力流性质的颗粒沉积后经历了一定的牵引流的改造,所以显示了一定的分选和磨圆。

(4)三角洲前缘泥沉积。三角洲前缘泥沉积的最大特色在于与三角洲前缘的河口坝或者水下泥石流呈互层关系。扇三角洲前缘泥实际上是扇三角洲前缘的背景沉积物,是扇三角洲沉积间歇期的湖泊沉积,其沉积物厚度取决于扇三角洲朵体发育及其上游物源区洪水事件周期的不同。通常情况下,在远端河口坝发育的层段,单层的扇三角洲前缘泥普遍较厚,而在近端河口坝发育的层段,扇三角洲前缘泥较薄。因为扇三角洲前缘泥具有与湖泊沉积成因相似的特点,所以淡水动物化石较为发育。

图 3-39 ZKH80-7 中 429.2m 处揭露的水下滑塌和液化变形构造
注:左图红框内为液化变形发育段,右图为左图蓝框内局部放大图。

3. 前扇三角洲成因相组合

塔木素铀矿床巴音戈壁组上段(K_1b^2)前扇三角洲沉积物主要为临滨的粉砂和泥质沉积,可见灰色、灰绿色泥岩、泥质粉砂岩、含粉砂钙质泥岩等,发育水平层理,含介形虫化石以及植物碳屑等,局部见有砂质透镜体,与滨浅湖沉积物具有相似的沉积特征。

4. 湖泊沉积体系

塔木素铀矿床巴音戈壁组上段(K_1b^2)湖泊沉积体系通常可划分为滨浅湖相和半深湖相。滨浅湖相相当于扇三角洲前缘和前三角洲沉积(图 3-34)。半深湖相以极厚的富含有机质的粉砂岩和暗色泥岩为特征(图 3-30a),产丰富的介形虫和叶肢介等化石(图 3-30g),通常也夹有一些厘米级或毫米级的浊积岩。

三、沉积构造

塔木素铀矿床巴音戈壁组上段(K_1b^2)沉积期地形落差大,物源补给充足,在扇三角洲平原成因相组合中分流河道中广泛发育槽状交错层理、板状交错层理、粒序层理与平行层理,在河流改道叠加时往往发育冲刷面、决口扇,在河道间洼地形成分流间湾,分流间湾中往往植物茎干、动物潜穴都很发育(图 3-40)。扇三角洲前缘是扇三角洲平原的水下延伸部分,继承性发育槽状交错层理、板状交错层理与平行层理;在水动力波荡环境下,河口坝中往往发育波状层理、包卷层理、水下滑塌构造(图 3-30d)液化变形构造和生物扰动构造等;在历史洪水事件时发育水下泥石流;前缘泥沉积厚薄不一,常见水平层理、块状构造(图 3-41)。

四、两种沉积体系空间配置模型与演化规律

塔木素铀矿床所在因格井断陷盆地的构造格架和构造活动性质决定了巴音戈壁组上段(K_1b^2)沉积体系的空间配置规律和垂向演化特征。塔木素铀矿床巴音戈壁组上段的扇三角洲沉积体系主要发育于中部岩性段,即第 2 小层序组至第 5 小层序组(含铀层位),位于北部盆缘断裂东南侧,其纵向延伸最大距离不超过 20km(图 3-31),物(铀)源来自北部宗乃山-沙拉扎山隆起(图 3-42)。该段岩

a.槽状交错层理、板状交错层理;b.平行层理;c.板状交错层理;d.槽状交错层理;e.冲刷面,ZKH24-40, 464.8m;f.粒序层理,上部发育生物潜穴,ZKH24-40,464.8m;g.决口扇,ZKH104-40,430.3m; h.泥石流,ZKH72-48,219.2m

图3-40 塔木素铀矿床巴音戈壁组上段(K_1b^2)扇三角洲平原沉积构造

层古气候更加温湿,植被较发育。此时区域构造应力场由张扭性向压扭性转换,断陷扩张作用停止,湖面上升,沉积速度平缓,湖水对流体携带物的分异作用加强,在断陷湖边缘形成了大规模分选中等—好、碎屑物含量高的砂体。湖泊沉积体系则位于盆地腹地,与北部扇三角洲沉积体系呈指状交互接触关系(图3-33、图3-42)。在垂向上,湖泊沉积体系发育规模具有周期性演变,其中巴音戈壁组上段沉积的早期(第1小层序组)和晚期(第6~8小层序组),湖相泥岩厚度大而且面积广(图3-33),代表了塔木素铀矿床两次较大规模的水进事件。

a. 液化变形构造，ZKH16-23，416.2m；b. 沙丘构造，ZKH36-36，526.7m；c. 沙纹交错层理，ZKH104-95，425.5m；d. 包卷层理，ZKH36-36，528.8m；e. 波状层理，ZKH104-40，499.5m；f. 平行层理，ZKH104-40，498.2m；g. 水平层理，ZKH104-40，429.9m；h. 水下泥石流，ZKH72-48，521.0m；i. 水下滑塌，ZKH60-40，566.6m；j. 水平层理，ZKH104-16，557.3m

图 3-41　塔木素铀矿床巴音戈壁组上段（K_1b^2）扇三角洲前缘沉积构造

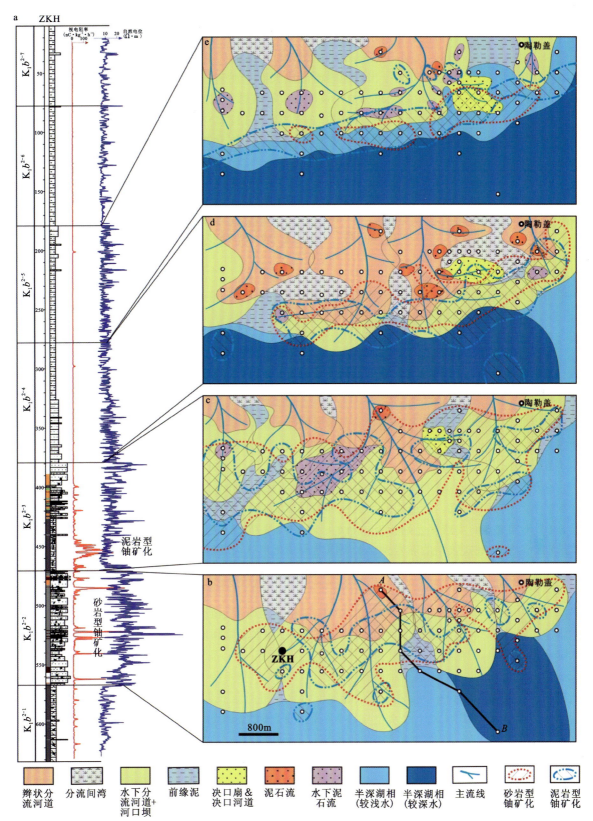

a. 钻孔 ZKH 垂向序列(位置见图 b); b. K_1b^{2-2}; c. K_1b^{2-3}; d. K_1b^{2-4}; e. K_1b^{2-5}

图 3-42 塔木素铀矿床巴音戈壁组上段(K_1b^2)中部岩性段沉积体系域重建及其与铀矿化空间配置关系图

(据 Wu et al., 2022)

早期第1小层序组（K_1b^{2-1}）的沉积期，古气候开始由巴音戈壁早期（K_1b^1）干旱炎热向间断性的温湿气候转变。此时区域应力场仍表现为张扭性，裂陷范围还在扩大，塔木素铀矿床表现为欠补偿性沉积，沉积物快速堆积，分异较差。晚期第6~8小层序组（K_1b^{2-6}—K_1b^{2-8}）沉积期，湖泊进入萎缩阶段，湖泊缩小，水体变浅，甚至局部地段长期近于出露地表而形成大面积泥灰岩，此时湖水对流体携带物的分异作用减弱，表现为湖泊沉积体系与扇三角洲前缘成因相组合交替出现。

整体而言，在因格井断陷盆地断坳转换阶段，虽然盆缘断层活动有所减弱，但盆地可容空间增长仍然较快，当物源供给与之平衡时，小层序组便体现为垂向叠置型式，体现了短轴沉积体系充填的基本特征。如果以岩性段为单位，在巴音戈壁组上段的中部岩性段和上部岩性段，小层序均为垂向叠置型式——加积小层序组（图3-33c）。沉积体系域编图也证实塔木素铀矿床小层序组具有垂向叠置型式（图3-42）。

第四节 水文地质特征

塔木素铀矿床位于苏亥图自流水坳陷北部的因格井自流水凹陷水文地质单元。地貌为戈壁荒漠景观，地势北西较高，南东较低，海拔标高1270~1330m，相对标高约60m，地表沟谷不发育，切割不强烈。矿床处于相对低洼的位置，略高于当地侵蚀基准面。

一、矿床水文地质条件

塔木素铀矿床巴音戈壁组上段（K_1b^2）含水层埋藏一般较深，顶板埋深一般为287.50~483.44m，底板埋深一般为580.20~620.65m，上下均有厚度大且稳定的隔水顶底板。含水层中通常夹有厚度较薄、分布不连续的泥岩、粉砂岩隔夹层，水文地质结构在垂向上具有稳定的"隔水—含水—隔水"的典型特征。含水层岩性以含砾粗砂岩和砂砾岩为主，其次为细砂岩和中砂岩。胶结类型以孔隙式胶结为主，基底式胶结和钙质胶结次之。碎屑物的分选性和磨圆度较差，一般为次棱角状。孔隙率在7.3%~21%之间，说明不同的岩石渗透率差别较大。隔水层岩性以泥岩、粉砂质泥岩和含砾粉砂岩为主，其次为钙质胶结的砂岩和基底式胶结的砾岩。含水层厚度的变化规律为北部厚南部薄、西部厚东部薄，平均厚度为108.55m，最厚为243.3m，最薄为1.2m。含水层承压性较强，地下水水头较高，地下水位距地表7.80~13.45m。

2011—2019年，核工业二〇八大队与中国核工业第四研究设计工程有限公司合作，先后在塔木素铀矿床施工了15个水文地质孔，先后开展了单孔、多孔抽水试验和地下水示踪剂试验。试验结果表明，矿床富水性不均匀，钻孔单位涌水量为0.016~0.548L/(m·s)，属于弱—局部中等富水性。含水层渗透系数为0.112~0.644m/d，属于中等透水性。

抽水试验结束后，对每个水文地质孔的地下水水位进行了长期观测，观测时长为1~2个水文年。观测结果表明，塔木素矿床地下水水位与季节变化关系不明显，但在多孔抽水试验期间抽水孔周围的地下水水位均出现了下降，降幅与两者间的距离成反比，显现出明显的层间孔隙水的特点，同时示踪剂浓度曲线特征也显示出低渗透性的孔隙水特征。

二、水文地球化学特征

塔木素铀矿床地下水矿化度为32.29~47.48g/L，平均为38.15g/L，为咸水，水化学类型属Cl-Na型水，水中阴离子以Cl^-为主，其次为SO_4^{2-}，阳离子以Na^+为主。地下水pH值为7.79~8.29，呈弱碱性。地下水水温为18~22℃。地下水自由氧浓度一般为1~3mg/L，Eh值为-26.63~+59.77mV，说明塔木素铀矿床为氧化还原过渡环境。矿床地下水中铀含量为 $4.13\times10^{-6}\sim7.24\times10^{-5}$ g/L。

三、地下水补给、径流、排泄条件

塔木素铀矿床地下水动力条件受沉积体系、岩性、砂体渗透性及断裂构造等控制。巴音戈壁组上段含水岩组主要接受北部宗乃山隆起基岩裂隙水的侧向补给，在矿床北西部巴音戈壁组出露区，接受大气降水和第四系潜水补给(图3-43)。

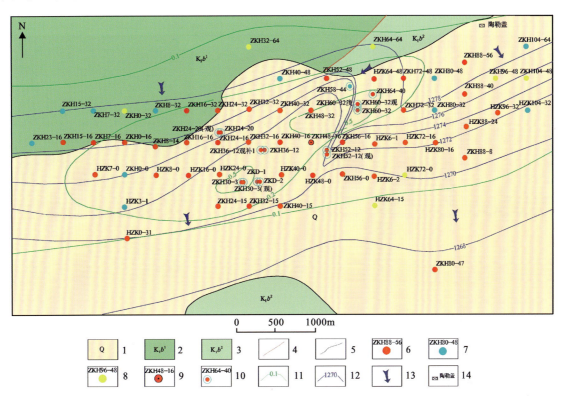

1.第四系；2.下白垩统巴音戈壁组下段；3.下白垩统巴音戈壁组上段；4.压扭性断层；5.地质界线；6.工业铀矿孔及孔号；7.铀矿化孔及孔号；8.铀异常孔及孔号；9.物探参数孔及孔号；10.水文地质孔及孔号；11.渗透系数等值线及数值；12.地下水等水位线及标高；13.地下水流向；14.地名

图3-43 塔木素铀矿床水文地质略图

矿床北东部地下水水力坡度为0.0024，北西部的水力坡度为0.0088，南部的泥岩为隔水边界，故天然状态下矿床地下水流向先由北西向中心径流，至矿床中心后再向南西方向流动，最终在因格井凹陷南西方向沿阻水断裂构造以泉水形式排出地表，形成串珠状湖水，因此南西侧为地下水排泄区。

第五节 岩石地球化学特征

巴音戈壁组上段砂岩存在氧化和还原两种岩石地球化学类型，氧化岩石进一步分为原生氧化与后生氧化地球化学类型，还原岩石进一步划分为原生还原和后生还原，不同岩石地球化学类型成因机制、发育特征和空间展布及与铀成矿关系不同。泥岩不同岩石地球化学类型均为原生成因，此处重点论述砂岩后生成因岩石地球化学类型。

一、岩石地球化学类型划分标志

1. 氧化砂岩

原生氧化砂岩主要为钙质、石膏质砾岩、含砾砂岩、(含泥)砂岩等,泥质含量高,分选性差,结构成熟度与成分成熟度低。颜色主要为砖红色、灰褐色间有浅红色、浅褐色等,矿物学标志为大量发育赤铁矿化,蚀变程度比较均一(图3-44a、g)。

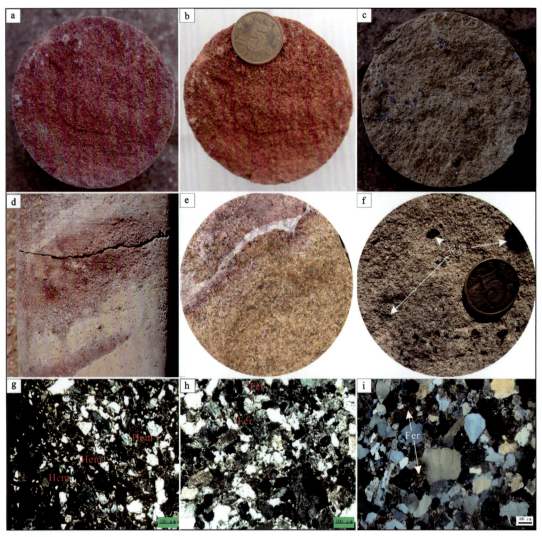

a. 原生红色氧化砂岩;b. 后生红色氧化砂岩;c. 后生黄色氧化砂岩;d、e. 粒度稍粗的碎屑后期发育黄色氧化,改造早期的红色氧化;f. 黄色氧化砂岩中见未完全氧化的碳屑;g. 原生红色氧化砂岩中大量发育赤铁矿化(Hem),ZKH64-64,505m;h. 后生红色氧化砂岩中普遍发育褐铁矿化(Fer),对碎屑颗粒强烈胶结,ZKH24-36,455.2m;i. 后生黄色氧化砂岩中发育褐铁矿化(Fer),呈无定形状充填于碎屑颗粒之间,进行胶结与溶蚀交代,ZKH36-36,523.5m

图3-44 巴音戈壁组上段氧化砂岩岩石特征

后生氧化砂岩可分为红色氧化砂岩和黄色氧化砂岩,往往发生在较粗粒的岩石中。其中,红色氧化砂岩主要为砂质砾岩、各种粒级的砂岩等,杂基含量低,分选性差—中等,结构成熟度与成分成熟度稍好。颜色主要为褐红色、紫红色、玫红色(图3-44b)。矿物学标志为胶结物中普遍发育赤铁矿化、褐铁矿化,其中氧化不彻底的砂岩还可以见到原生灰色残留色斑,早期氧化的红色砂岩往往又被后期黄色氧化所改造(图 3-44d、e、h)。黄色氧化砂岩同样发育在各种粒级的砂岩及砾岩中,岩石粒度更偏粗,分选性差—中等。颜色主要为浅黄色、褐黄色(图 3-44c)。矿物学标志为普遍发育褐铁矿化,且垂向上蚀变程度不一,局部褐黄色氧化砂岩中可见未完全氧化的碳屑(图 3-44f)和已被氧化的黄铁矿立方体假晶。

氧化砂岩环境指标特征显示红色氧化砂岩中 Fe^{3+} 含量高达 3.84%,Fe^{2+} 含量高达 2.47%,而黄色氧化砂岩中 Fe^{3+} 含量高达 5.99%,Fe^{2+} 含量高达 1.71%;此外,红色氧化砂岩有机碳含量平均为 0.97%,S^{2-} 含量平均为 0.17%,CO_2 含量平均为 3.51%,ΔEh 平均值为 30.83,黄色氧化砂岩中有机碳含量、S^{2-} 含量、CO_2 含量以及 ΔEh 平均值分别为 1.38%、0.30%、5.12% 和 42(表 3-8),后者均略高于前者,表明黄色氧化砂岩整体后生蚀变程度更高,但局部表现为氧化程度不均一。

因此,原生氧化砂岩中后生蚀变程度往往比较均一,蚀变强度不高,而后生氧化砂岩中后生蚀变程度具有不均一性,蚀变强度差异比较大。

2. 还原砂岩

原生还原砂岩主要为(含砾)粗砂岩、中砂岩、细砂岩与砾岩,胶结物含量略低,分选性差—中等。颜色主要为灰色、深灰色、浅灰绿色等,矿物学标志为含部分碳化植物碎屑,或立方体状黄铁矿(图 3-45a、b、e),后生蚀变不甚发育。

后生还原砂岩主要为砾岩与各种粒级的砂岩,粒度稍粗,泥质含量略高,分选性稍好。颜色主要为蓝色、蓝灰色(图 3-45c)等。该类砂岩往往发育于黄色氧化砂岩或红色氧化砂岩中(图 3-45d),其边缘发育弱赤铁矿化与褐铁矿化晕染,蚀变程度均有明显分带性,尤其是在砂岩与砂质粉砂岩互层部位较为明显,表现在由粉砂岩到砂岩,岩石的颜色依次为褐红色、浅绿色、土黄色、蓝灰色。矿物学标志为长石水解作用强烈,往往被方解石等溶蚀交代(图 3-45f)。

还原砂岩环境指标特征表现为:砂岩中 Fe^{3+} 含量最高为 2.91%、平均为 0.99%,Fe^{2+} 含量最高为 2.73%、平均为 0.92%,均远远低于红色氧化砂岩和黄色氧化砂岩。此外,还原砂岩中有机碳含量最高为 6.32%、平均为 0.57%,$S_{全}$ 含量最高为 4.98%、平均为 1.24%,S^{2-} 含量最高为 2.16%、平均为 0.56%,CO_2 含量最高为 19.09%、平均为 4.13%,ΔEh 最高为 90、平均为 41.11(表 3-8),这与还原砂岩中富含炭化植物碎屑、黄铁矿等还原介质密切相关。

表 3-8 矿床环境指标样统计一览表

岩性	统计值	有机碳/%	$\omega(S_{全})$/%	$\omega(S^{2-})$/%	$\omega(CO_2)$/%	ΔEh	$\omega(Fe^{3+})$/%	$\omega(Fe^{2+})$/%
灰色砂岩类	平均	0.57	1.24	0.56	4.13	41.11	0.99	0.92
	最大	6.32	4.98	2.16	19.09	90.00	2.91	2.73
	最小	0.01	0.01	0.01	0.01	1.00	0.05	0.06
	计数	182	182	181	178	116	195	195
黄色砂岩类	平均	1.38	0.28	0.30	5.12	42.00	1.89	0.63
	最大	4.04	2.12	1.89	16.02	47	5.99	1.71
	最小	0.12	0.01	0.01	0.26	35	0.42	0.23
	计数	44	28	44	44	8	44	44
红色砂岩类	平均	0.97	0.93	0.17	3.51	30.83	1.86	0.81
	最大	6.30	8.38	0.81	19.82	48.00	3.84	2.47
	最小	0.02	0.01	0.01	0.12	13.00	0.19	0.25
	计数	30	30	30	30	16	30	30

注:数据来自核工业包头地质矿产分析测试中心。

a. 原生还原砂岩,浅灰绿色,见碳屑与黄铁矿(Py);b. 原生还原砂岩,灰色,见碳屑(工业矿段,529m,ZKH36-36);
c. 后生还原砂岩,蓝灰色;d. 后生还原砂岩,灰白色,赋存于黄色氧化砂岩中,306~311m,HZK56-16;e. 原生还原
砂岩,灰色白云质粗砂岩,工业矿段,含细小碳屑,白云石(Dol)充填于碎屑颗粒之间,ZKH64-36,486.8m;f. 后生
还原砂岩,灰白色中砂岩,长石(Mi)被方解石溶蚀交代,水岩作用强烈,HZK56-16,308.8m

图 3-45　巴音戈壁组上段还原砂岩岩石特征

总体而言,原生还原砂岩中往往不发育后生蚀变,含一定的炭化植物碎屑或者黄铁矿;而后生还原砂岩发育规模远远小于原生还原砂岩,常见强烈的水岩作用,边缘见弱赤铁矿化与褐铁矿化蚀变。

3. 泥岩

原生氧化泥岩主要为砖红色、褐红色粉砂质泥岩、钙质泥岩、泥岩等,通常为块状构造,局部见钙质团块(图 3-46a)。

原生还原泥岩主要为灰色、深灰色、浅灰绿色粉砂质泥岩、泥岩等,偶有粉砂岩,通常发育块状构造、水平层理(图 3-46b),多见条状、块状碳屑以及立方体状、星散状、集合体状黄铁矿等(图 3-46c、d)。

a. 原生氧化泥岩,砖红色,含钙质团块,ZKH104-64,230.1~234.8m;b. 原生还原泥岩,灰色泥岩,发育水平层理,489.2~493.6m,ZKH92-40;c. 灰色泥岩,见碳屑与集合体状黄铁矿,556.2m,ZKH104-24;d. 深灰色泥岩,溶蚀孔洞中充填发育立方体状、星散状黄铁矿,468.4m,ZKH88-15

图 3-46 巴音戈壁组上段泥岩岩石特征

二、自生矿物发育特征

矿床目的层岩石自生矿物除石英、长石以外,主要有黄铁矿、白云石、方解石和石膏等。

1. 黄铁矿

黄铁矿在砂岩矿石中经常可见(图 3-47),主要出现在砂岩粒间的孔隙或裂隙内,或植物碎屑的裂隙内,在较细的砂岩(细砂岩、粉砂岩)内,则多呈细粒浸染状分布。黄铁矿形态各异,细粒浸染状的黄铁矿主要呈较自形的立方体状,粒间孔洞的黄铁矿多呈较自形粒状或粒状集合体,裂隙内的黄铁矿呈脉状。扫描电子显微镜下观察,部分孔洞及裂隙内的黄铁矿可呈草莓状、花朵状及球粒状等,交代其他矿物的黄铁矿则主要为胶状黄铁矿。胶状黄铁矿交代植物组织,如胞腔等,并保留原植物组织的原始结构,属

"假象交代"。在胶状黄铁矿周边可发现有铀矿物。受交代难易程度的制约，胶状黄铁矿往往不交代较大块的植物碎屑。

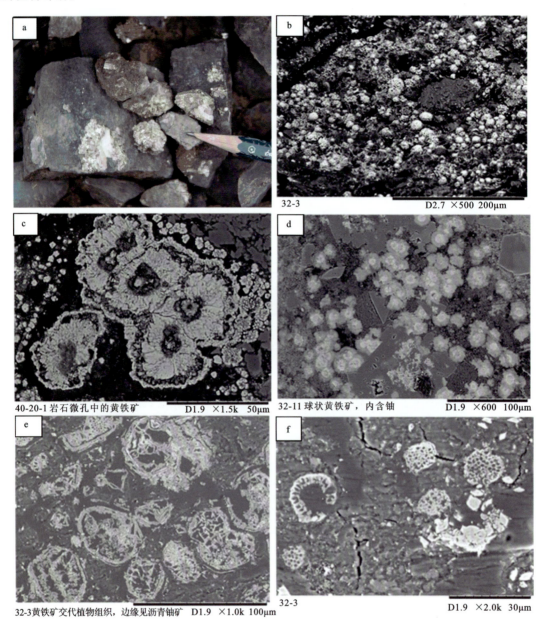

a. 岩石裂隙中的黄铁矿。b. 草莓状黄铁矿，植物碳屑（深黑色）表面形成的草莓状黄铁矿（亮白色）。样品取自ZKH32-3 钻孔深 535m 处，扫描电子显微镜图像。c. 花状黄铁矿，孔洞内呈花状的黄铁矿（灰白色）。样品取自ZKH40-20 钻孔深 500.8m 处，扫描电子显微镜图像。d. 球粒状黄铁矿，球粒状黄铁矿（灰白色）。样品取自 ZKH32-11 钻孔深 449m 处，扫描电子显微镜图像。e. 胶状黄铁矿交代植物腔胞，胶状黄铁矿（图中灰白色部分）交代植物胞腔并保留其假象。样品取自 ZKH32-3 钻孔深 535m 处，扫描电子显微镜图像。f. 胶状黄铁矿交代植物腔胞，胶状黄铁矿（图中亮白色部分）交代植物胞腔并保留其假象。样品取自 ZKH32-3 钻孔深 535m 处，扫描电子显微镜图像

图 3-47　砂岩矿石中的黄铁矿（据王凤岗等，2020）

2. 白云石

白云石的生成通常有两种：交代方解石的白云石和交代碎屑物的白云石。交代方解石的白云石主要发生在灰岩中或方解石较发育的地区，特别是在灰岩型的铀矿石中比较发育。白云石通常呈团块状

交代方解石,交代部位的孔隙度会增大,具有良好的生长空间,所以新生的白云石通常晶型发育很好,呈立方体、菱形十二面体等。新生的白云石在形成过程中或形成后受后期应力挤压,白云石间则形成镶嵌结构。

在成岩期形成白云石等胶结物的同时,部分新生的白云石对碎屑物也形成了或多或少的交代作用,交代的矿物主要有石英、斜长石及钾长石,在交代强烈的部位,白云石可完全取代原先的矿物,形成交代假象。在植物碳屑发育的地段,还可见到白云石和方解石交代植物碎屑,并保留植物碎屑原始结构的现象。极少数情况下,由于局部条件的改变,局部可形成含铁的白云石交代白云石的现象(图3-48)。

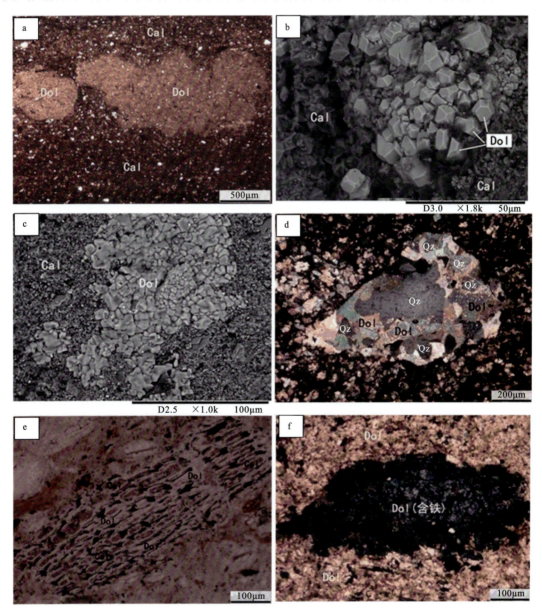

a.白云石交代方解石,白云石(Dol)团块状交代方解石(Cal),ZKH32-19,450m,正交偏光;b.新生白云石形态,交代方解石(Cal)的白云石(Dol)形态,扫描电子显微镜图像,ZKH32-19,450m;c.白云石镶嵌结构,白云石(Dol)团块状交代方解石(Cal),受后期应力作用形成镶嵌结构,扫描电子显微镜图像,ZKH32-19,450m;d.白云石交代石英,白云石(Dol)交代石英(Qz),ZKH40-20,501.2m,正交偏光;e.方解石及白云石交代植物碎屑,白云石(Dol)和方解石(Cal)交代植物碎屑并保留其原始胞腔结构,混合试剂染色,正交偏光;f.含铁白云石交代白云石,含铁白云石(中间蓝色部分)团块状交代白云石(Dol),ZKH44-12,499m,混合试剂染色,正交偏光

图3-48 白云石与方解石

3. 方解石

巴音戈壁上段沉积期古气候总体上处于半干旱至半潮湿的环境中，因此在沉积过程中伴随有钙质砂岩的形成，并过渡到砂质泥灰岩，最后过渡为泥灰岩或灰岩。在沉积成岩作用过程中，主要生成方解石化作用阶段，部分方解石交代了早先的碎屑物，如石英、长石等，特别是在方解石灰岩与碎屑岩的接触部位，此种现象尤为明显。

通过对碳酸盐胶结物进行电子探针分析，主要了解碳酸盐矿物中四种主要氧化物（CaO、MgO、FeO、MnO）的含量和 $CaCO_3$、$MgCO_3$、$FeCO_3$、$MnCO_3$ 的比例关系。这些碳酸盐胶结物中 CaO 含量在 26.26%～59.74% 之间，平均为 34.5%；MgO 的含量最小为 0.02%，最大为 20.60%，平均为 10.08%；FeO 的含量在 0.05%～15.49% 之间，平均为 7.03%；MnO 的含量在 0～0.77% 之间，平均为 0.34%。

从图 3-49 中可知，除了纯方解石以外，白云石中的 CaO 与 MgO 呈正相关关系，即 Ca 与 Mg 同步增长；而 FeO 与 MgO 呈负相关关系，即 Fe 的增长带来的是 Mg 的减少，也就是碳酸盐矿物中当 Fe 代替 Mg 时，形成的是铁白云石，Ca 和 Mg 同时减少时，Fe 依然增加，此时可能会形成菱铁矿。从 $MgCO_3$、$CaCO_3$、$FeCO_3+MnCO_3$ 三成分端元图来看（图 3-50），图中表明碳酸盐胶结物大多数为白云石与铁白云石（点画线的左侧为白云石区域，右侧为铁白云石区域）。图中方解石、白云石以及铁白云石的区别区域明显，表明它们可能属于不同时期的成岩-改造的产物。

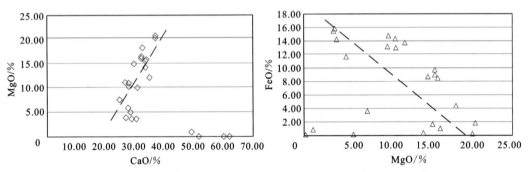

图 3-49　碳酸盐胶结物中 CaO-MgO、MgO-FeO 关系图（据聂逢君，2012）

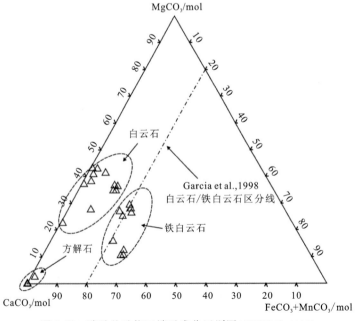

图 3-50　碳酸盐矿物三端元成分区别图（据聂逢君，2012）

4. 石膏

巴音戈壁组上段中可见 3 种形态的石膏产出,即顺层产出的石膏(沉积成因)、穿切层理呈脉状产出的石膏和较均匀地分布在砂岩胶结物中的石膏(图 3-51)。

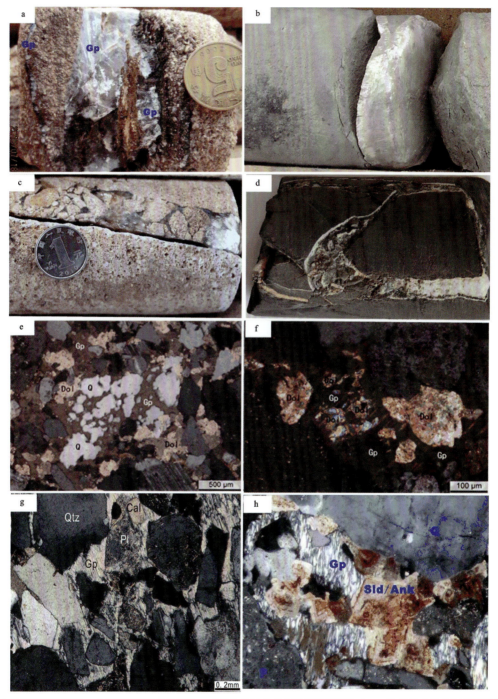

a、b 为顺层粗晶产出,c、d 穿切层理呈脉状产出,e、f 较均匀地分布在砂岩的胶结物中。a. 含砾粗砂岩中石膏顺层分布,晶形好,赤铁矿/褐铁矿化,ZKH56-48,492.2m;b. 灰色粉砂岩中顺层产出的石膏,ZKH32-0,148m;c. 石膏穿层现象,ZKH16-32,514.1m;d. 石膏穿插现象,ZKH40-48,693m;e. 石膏交代石英,石膏(Gp)交代石英(Q),ZKH44-12,514m,正交偏光;f. 纤维状连片石膏和粗晶方解石,方解石交代斜长石(Pl)和石膏,ZKH48-16,补钻孔深,550.2m;g. 纤维状石膏包裹石英、长石形成嵌晶结构,ZKH80-32,593.6m;h. 胶结物以石膏为主,部分菱铁矿/铁白云石(Sid/Ank)胶结物重结晶,ZKH72-48,580.2m

图 3-51 石膏的发育形态

石膏是晚成岩阶段最后的产物,生成时间最晚,石膏主要发育在碎屑物间隙内,特别是在石膏很发育的地段,碎屑物粒间几乎全部为石膏,结合整个区域砂岩特征推断,部分石膏为化学沉积形成外,另外部分应为交代其他矿物所形成,为交代成因。石膏交代石英、斜长石及碳酸盐等。

三、岩石地球化学类型成因

1. 氧化砂岩

(1)原生氧化砂岩。巴音戈壁组上段沉积时,古气候以温暖湿润为主,在盆地大多数地段发育了扇三角洲-湖泊沉积环境,但在盆地边缘局部发育了一定规模的冲积扇沉积环境,沉积了一套以砖红色砂质砾岩、含砾粗砂岩、中砂岩为主间有薄层粉砂岩、泥岩的红色碎屑岩建造,形成了一套原生氧化砂岩。这类砂岩往往发育块状构造,多见正韵律,碎屑物磨圆度及分选性差,碎屑间强烈发育赤铁矿化,见钙质胶结与铁质胶结。

(2)后生氧化砂岩。巴音戈壁组上段沉积时,盆地构造背景相对稳定,来自蚀源区的含氧含铀水向盆地内渗入与运移。在扇三角洲沉积环境下形成的分流河道砂体渗透性较好,成为成矿流体运移通道,在沉积后期逐步炎热干旱的古气候条件影响下,经广泛的后生层间氧化作用,形成一套后生红色氧化砂岩。后生红色氧化砂岩以强烈赤铁矿化为标志,砂体厚度可达30～80m(图3-52a)。后生黄色氧化砂岩主要发育于巴音戈壁组上段沉积期后。在目的层砂岩早期发育后生红色氧化之后,古气候持续干旱炎热,在"先稳后活"的构造背景下,含氧含铀水沿分流河道砂体持续向盆地内运移,在渗透性较好的地段进一步增强了后生层间氧化作用规模与强度,逐步形成一套后生黄色氧化砂岩。后生黄色氧化砂岩以褐铁矿化为标志,垂向上蚀变程度不一;砂体厚度一般70～150m,在平面上发育规模更大(图3-52b)。

大量岩芯观察与综合研究表明,后生黄色氧化砂岩进一步叠加改造了后生红色氧化砂岩,这一点可以从红色氧化砂岩的碎屑(尤其是粒度偏粗的碎屑)中发育枝状、条纹状黄色氧化得到证实。此外,部分后生红色氧化砂岩溶蚀孔洞中发育蜂窝状后生黄色氧化(另有认为是粗晶黄铁矿被逐步氧化成褐铁矿化);平面上,黄色氧化砂岩具有北东向线性展布的特点,推测受北东走向的断裂构造影响,从侧面说明沉积期后后生黄色氧化发育时间较长,具有多期次叠加改造后生红色氧化砂岩的特征。后生红色氧化砂岩和后生黄色氧化砂岩组成塔木素铀矿床巴音戈壁组上段层间氧化带,控制了铀矿床的形成。

2. 还原砂岩

(1)原生还原砂岩。巴音戈壁组上段沉积时,古气候以温暖湿润为主,在盆地大多数地段发育了扇三角洲-湖泊沉积环境,沉积了一套以灰色、浅灰绿色砂质砾岩、含砾粗砂岩、中砂岩为主间有薄层粉砂岩、泥岩的灰色碎屑岩建造,形成了一套原生还原砂岩。

这类砂岩往往产于氧化砂岩的两翼(图3-53),小部分产于氧化砂岩之间,发育槽状交错层理、板状交错层理、平行层理等沉积构造;碎屑物相对质纯,向盆地内磨圆度及分选性渐好。砂体厚度一般30～70m(图3-52c)。碎屑间不甚发育后生蚀变,多见条块状碳屑与集合体状黄铁矿(图3-45a、b)。

(2)后生还原砂岩。巴音戈壁组上段沉积后,盆地内发生多期次构造改造作用,主要表现为构造挤压与构造反转,系列断裂进一步扩大了近地表与深部岩层的联系通道,深部还原性油气产物(如H_2S、烃类等)不断上侵,在局部渗透性较好的红色氧化砂岩或者黄色氧化砂岩中形成还原"漂白"带,形成灰白色、蓝灰色等后生还原砂岩(图3-45d)。

后生还原砂岩与红色氧化砂岩、黄色氧化砂岩属于叠加还原改造成因,在接触界面附近可见弱蚀变(图3-45d),多发育高岭土化(长石水解强烈)。后生还原砂岩多发育在北东向断裂附近的中深部氧化砂岩中,发育规模十分有限。

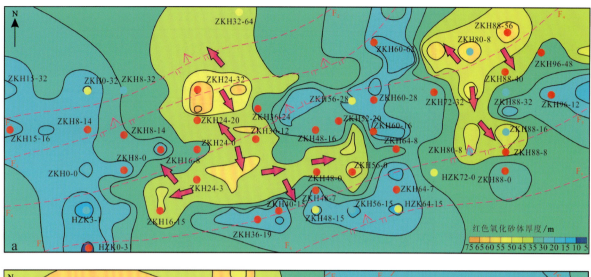
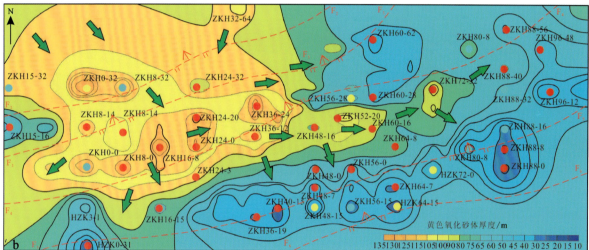
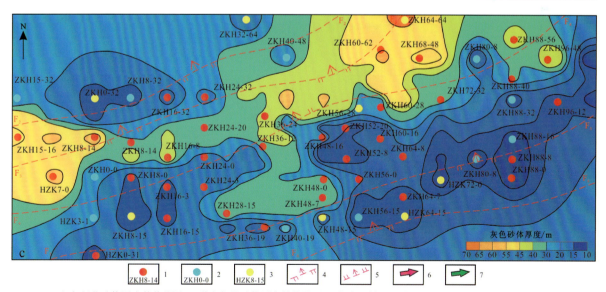

a. 红色氧化砂体厚度等值线图；b. 黄色氧化砂体厚度等值线图；c. 灰色砂体厚度等值线图；1. 工业铀矿孔；2. 矿化孔；
3. 异常孔；4. 逆断层；5. 正断层；6. 推测红色氧化砂岩流体运移方向；7. 推测黄色氧化砂岩流体运移方向

图 3-52 塔木素铀矿床巴音戈壁组上段砂体厚度等值线图

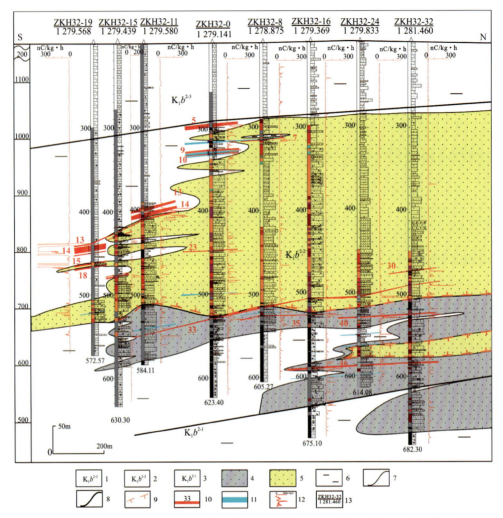

1.巴音戈壁组上段第三岩段;2.巴音戈壁组上段第二岩段;3.巴音戈壁组上段第一岩段;4.还原砂体;5.后生氧化砂体;6.泥岩;7.岩性界线;8.地质界线;9.推测氧化带前锋线;10.工业矿体;11.矿化体;12.γ曲线;13.钻孔孔号及孔深/m

图 3-53 塔木素铀矿床 H32 号勘探线地质剖面示意图

四、层间氧化带空间展布特征

不同岩石地球化学类型主要与沉积环境、后生氧化蚀变有关,在空间展布方面也体现出不同的特征。下面重点论述与铀成矿有直接成因关系的巴音戈壁组上段层间氧化带特征。

层间氧化带发育在两个不透水岩层之间的透水岩层中,层间氧化的标志是出现与岩相不相符合的氧化颜色的分带,水平分带和垂直分带特征较为明显。

1.层间氧化带垂向展布特征

垂向上,层间氧化带形态多由层带状渐变为指状、蛇状(图 3-54)。层间氧化带整体由北向南发育,其发育程度受砂体厚度和岩石渗透性等影响;以褐黄色、褐红色粗砂岩、中砂岩、细砂岩为主,其内可见斑点状褐铁矿化,局部充填有微细晶方解石。在矿床北部,后生氧化砂岩多为扇三角洲平原亚相分流河道砂岩,垂向上叠置发育,厚度最大可达 220m,层间氧化带呈厚层状。及至矿床中部,层间氧化带主要发育于扇三角洲前缘亚相水下分流河道与河口坝砂体中,垂向上表现为砂泥互层,后生氧化砂岩厚度一般 50~180m 不等;层间氧化带整体仍为层状产出,但在上下两翼往往出现分支,或在层间氧化带内部出现还原砂岩透镜体,致使层间氧化带形态多变,总体具有变薄的趋势(图 3-55)。再至矿床中南部,层间

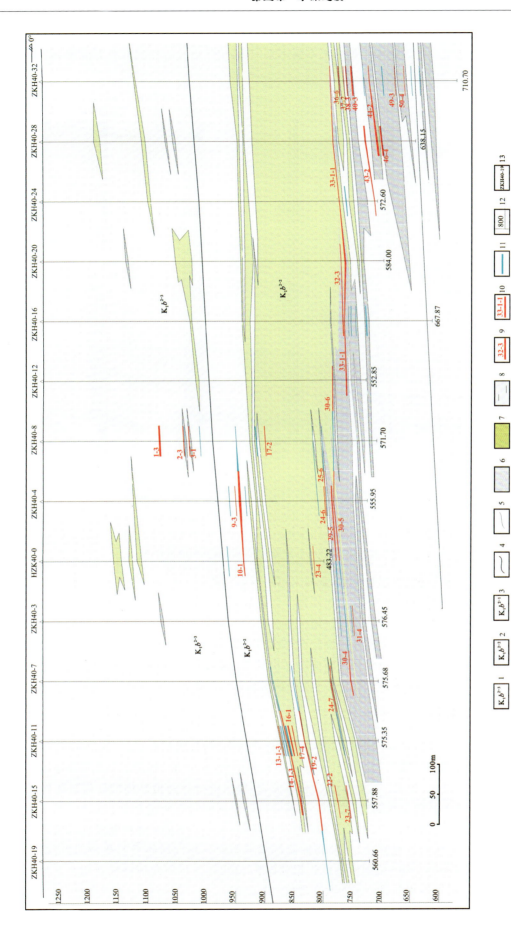

图3-54 塔木素铀矿床H40号勘探线地质剖面示意图

1.巴音戈壁组上段第三岩段；2.巴音戈壁组上段第二岩段；3.巴音戈壁组上段第一岩段；4.地层界线；5.岩性界线；6.灰色砂岩；7.黄色、褐色砂岩、粉砂岩；8.灰色泥岩；9.铀矿体及编号；10.铀矿化体；11.铀矿体及编号；12.标高/m；13.钻孔及编号

氧化带主要发育于扇三角洲前缘亚相河口坝、席状砂微相或前扇三角洲亚相的薄层砂体中,垂向上为厚层泥岩夹薄层砂岩,后生氧化砂岩厚度一般数米至数十米不等,层间氧化带往往突变为指状、蛇状,或逐步尖灭于灰色、深灰色泥岩中(图3-54)。

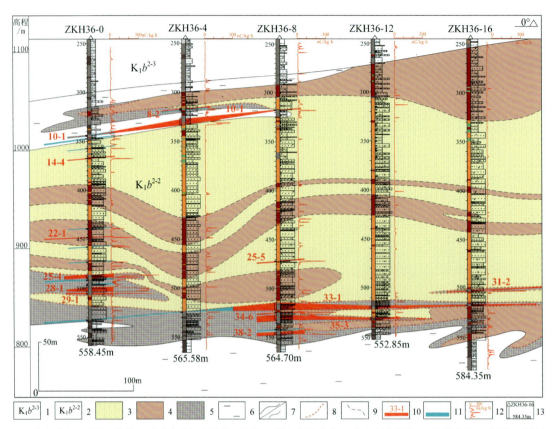

1.巴音戈壁组上段第三岩段;2.巴音戈壁组上段第二岩段;3.黄色氧化砂体;4.红色氧化砂体;5.还原砂体;6.泥岩;7.地质界线/岩性界线;8.推测层间氧化带前锋线;9.推测层间氧化带界线;10.工业矿体;11.矿化体;12.γ曲线;13.钻孔孔号及孔深

图 3-55 塔木素铀矿床 H36 号勘探线(中段)地质剖面示意图

综合来看,层间氧化带由北向南逐步变薄,垂向上可见后生红色氧化带与后生黄色氧化带交互发育。在矿床中北部分流河道砂体中,黄色氧化带主要发育于红色氧化带中部,并且前者规模明显大于后者,间接说明该地段砂岩渗透性更好。及至矿床中部(扇三角洲前缘亚相分流河道发育地段),红色氧化带发育规模变大,垂向上呈层带状、囊状,而黄色氧化带发育规模相对变小,形态变化比较大(图3-55),从侧面说明该地段砂岩渗透性差异比较大,这与扇三角洲前缘亚相多发育规模不一的砂泥互层而影响砂体的均质性有关。再至矿床南部,红色氧化带与黄色氧化带均呈薄层状、指状,直至尖灭于灰色泥岩中。

2. 层间氧化带在平面上的展布特征

(1)氧化砂体厚度特征。氧化砂体厚度等值线大致近东西向展布,图示自北西向南东厚度逐渐变薄(图3-56),其等值线前缘呈波状展布,尤以H0—H72线比较突出,其中H0线附近氧化砂体厚度最高达225m,从侧面反映出扇三角洲垛体的大致形态。相对而言,厚大的分流河道砂体的后生氧化作用更为发育,等值线的展布形态大致为主流线控制范围,即氧化砂体厚度的高值区即为扇三角洲平原亚相分流河道与前缘亚相水下分流河道、河口坝砂体的大致分布范围,而中北部的低值区基本代表了扇三角洲平原亚相分流间湾沉积微相的发育部位,南部的低值区基本为扇三角洲垛体与滨浅湖的大致分界处。总体来看,氧化砂体厚度80~180m范围内铀矿化相对较好,这也正是扇三角洲前缘亚相水下分流河道砂体多次叠置且垂向上具备砂泥互层结构的所在部位。

(2)氧化砂体比率特征。氧化砂体比率展布特征与氧化砂体厚度展布特征具有一定的相似性(图3-57),

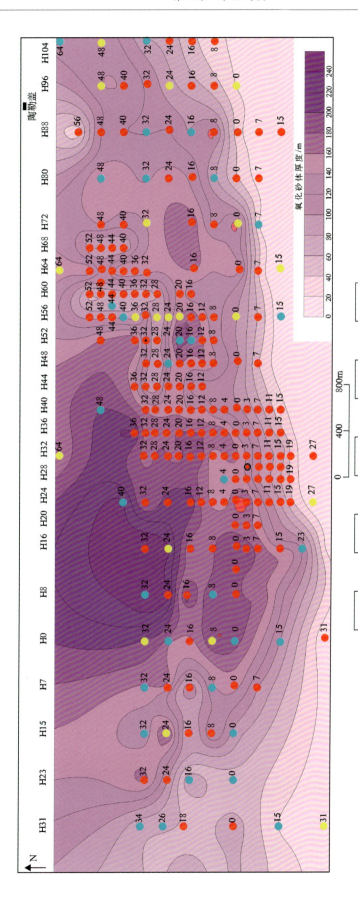

图3-56 塔木素铀矿床巴音戈壁组上段第二岩段氧化砂体厚度等值线图

1.第二岩段工业铀矿孔；2.第二岩段铀矿化孔；3.第二岩段铀异常孔；4.物探参数孔；5.水文地质孔

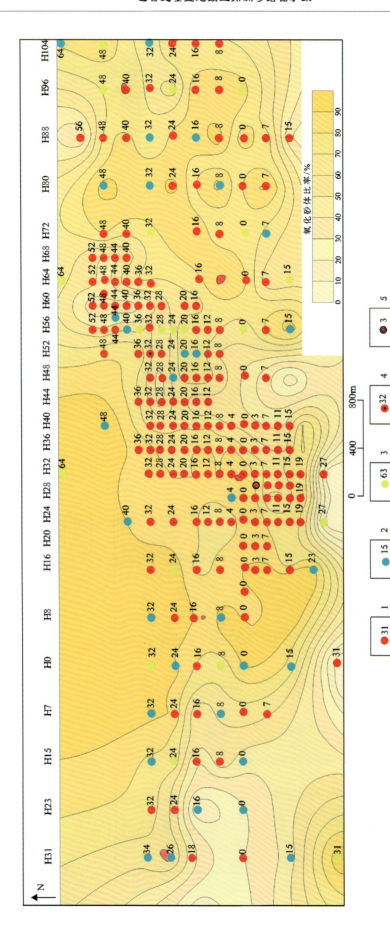

图3-57 巴音戈壁组上段第二岩段氧化砂体比率等值线图

1.第二岩段工业铀矿床；2.第二岩段铀矿化孔；3.第二岩段铀异常孔；4.物探参数孔；5.水文地质孔

比率在40%~75%时铀矿化相对较好。层间氧化带水平分带明显,北东部和北西部靠近盆缘一侧氧化作用较为彻底。

矿床北部控制层间氧化还原过渡带宽度在2.0km以上,氧化带前锋线长在7.0km以上,近东西向展布,向南西方向延伸,呈不规则蛇曲状;矿床南部砂体仅见零星的弱氧化现象,推测层间氧化还原过渡带宽度在800m以上,呈北西向凸起的哑铃状,氧化带前锋线长1.2km以上。目前工业铀矿化主要分布于层间氧化还原过渡带范围之内。

后生红色氧化带与后生黄色氧化带由于在垂向上交互发育,在平面上难以准确厘定区分。总体而言,矿床中北部红色氧化带发育规模略大于黄色氧化带,矿床中部黄色氧化带发育规模增大,尤其是在中西部大面积分布,且在纵H3—纵H32线之间呈北东向展布,从侧面说明了黄色氧化带自北西向南东方向发育,以及中西部砂岩渗透性相对较好。

五、层间氧化带与水文地质及铀矿化的空间耦合关系

巴音戈壁组上段的砂岩型铀矿化受层间氧化带控制。平面上,大量铀矿(化)体集中发育于氧化砂体厚度中等偏薄的区域,主要集中分布在层间氧化带分带中的过渡带中。剖面上,铀矿化主要产于氧化砂岩与灰色砂岩和灰色泥岩相邻部位,盆缘一侧铀矿体多赋存于砂岩中,近湖缘一侧铀矿体赋存于泥岩与砂岩中。砂岩型铀矿化的形成与红色和黄色两种氧化作用有关。

总体上,层间氧化带在剖面上具有由北向南,厚度由大变小,埋深由深变浅的特征。靠近北部,氧化砂体的厚度与含水层的厚度基本一致,向南氧化砂体的厚度变薄,小于含水层的厚度,并向前锋线方向尖灭。

就整个矿带而言,均一性好且宽而厚的砂体通常遭受严重的层间氧化作用,但是在由宽而厚的砂体向薄而窄的砂体过渡部位,正好是层间氧化带前锋线的空间定位区域,也是砂岩型铀矿化向泥岩型铀矿化转变的有利地段。

第四章 矿体地质

塔木素铀矿床矿化岩性为砂岩型,少量为泥岩型。由于砂岩矿体赋矿岩性固结程度不均匀,大部分固结程度较高,是否能地浸开采,可地浸开采矿体占比多少,目前尚在现场和室内试验中,所以砂岩型矿体暂时按硬砂岩型一般工业指标圈定矿体。下面叙述的矿体地质特征主要为砂岩型主要矿体。

矿体总体上具有多层水平分布的特点,目前将铀矿资源量(332+333)大于或等于200t的12个矿体暂定为主要矿体,其中铀矿资源量(332+333)大于1000t的矿体1个(33-1号),铀矿资源量(332+333)介于500~1000t之间的矿体3个(分别为14-1号、32-4号、37-1号),铀矿资源量(332+333)介于200~500t之间的矿体8个(分别为7-1号、10-1号、13-1号、16-1号、25-3号、28-1号、37-3号、43-6号)。这些主要矿体均位于巴音戈壁组上段第二岩段中。

第一节 矿体特征

矿体平面上总体呈近北东东向、东西向带状展布(图4-1),总长约6400m,宽度一般1000~2400m。剖面上多呈带状、板状,少许为透镜状,具有多层产状的特点(图4-2、图4-3);矿体产状平缓,一般3°~5°,少量矿体产状在10°左右。矿体的空间展布特征与扇三角洲分流河道砂体规模、地下水补径排条件以及层间氧化带的空间展布特征密切相关,其中矿床中部发育厚大疏松的河道叠置砂体,含水层厚度大且多发育泥岩隔水层,后生氧化发育强烈,层间氧化带发育规模大,在富还原介质的灰色砂体界面附近形成一系列带状、板状矿体,且矿体连续性普遍较好;北部后生氧化发育过于强烈,而南部扇三角洲砂体规模明显变小,均制约了铀矿体的生成,所以矿体发育规模略小,以透镜状居多。

总体而言,矿床矿体产出标高663.42~1091.19m,埋深186.66~619.58m。矿体厚度0.46~8.96m(表4-1),平均厚度1.63m;品位0.050%~0.599%,平均品位0.098%。

1. 33-1号主要矿体

33-1号主要矿体位于矿床中部H16—H60线之间,目前由45个钻孔控制;平面上呈近北东向带状展布(图4-4,表4-2),剖面上呈板状(图4-5)。矿体长2300m,宽50~750m;矿体底板埋深493.71~550.10m,矿体倾角5°左右,与地层产状基本一致。单工程矿体厚度0.50~7.39m,平均厚度1.79m,厚度变化系数79%,厚度较稳定。矿体品位0.050%~0.270%,平均品位0.109%,品位变化系数55%,分布较均匀。单工程米百分数0.040~0.816m·%,平均米百分数0.195m·%(图4-4,表4-2)。

2. 14-1号主要矿体

14-1号主要矿体位于矿床中南部H24—H40线之间、纵H7以南,目前由17个钻孔控制。矿体平面上呈近东西向带状展布(图4-6,表4-2),剖面上呈板状(图4-5)。矿体长900m,宽50~350m;矿体底板埋深382.74~453.61m,矿体倾角8°~10°,略大于地层倾角。单工程矿体厚度0.80~8.29m,平均厚

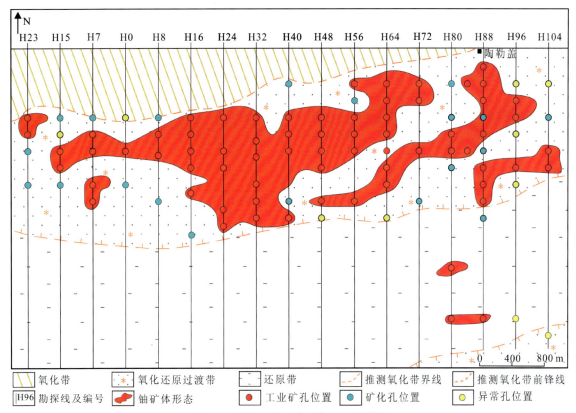

图 4-1 塔木素铀矿床矿体平面投影图

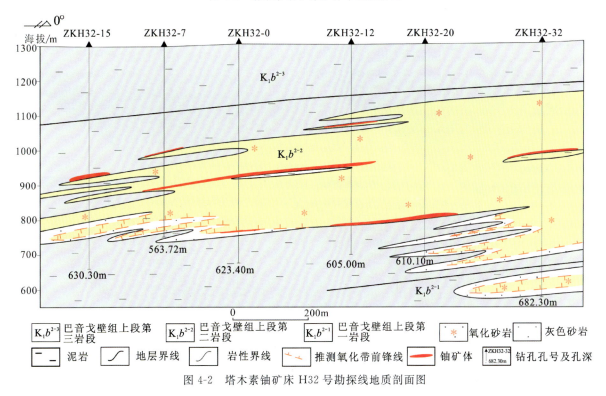

图 4-2 塔木素铀矿床 H32 号勘探线地质剖面图

度 2.76m，厚度变化系数 85%，厚度较稳定。矿体品位 0.053%～0.264%，平均品位 0.107%，品位变化系数 53%，分布较均匀。单工程米百分数 0.051～1.724m·%，平均米百分数 0.295m·%。矿体底板埋深 382.74～453.61m（表 4-2）。

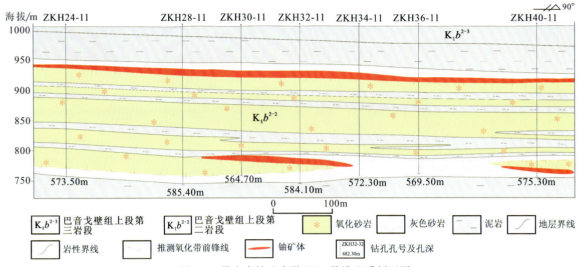

图 4-3 塔木素铀矿床纵 H11 号线地质剖面图

表 4-1 矿床特征一览表

矿体埋深/m	底板标高/m	单工程矿体厚度/m	矿床平均厚度/m	单工程矿体品位/%	矿床平均品位/%	米百分数/(m·%)
186.66～619.58	663.42～1 091.19	0.46～8.96	1.63	0.050～0.599	0.098	0.035～2.214

注：0.599%是特高品位 0.710%处理后的品位。

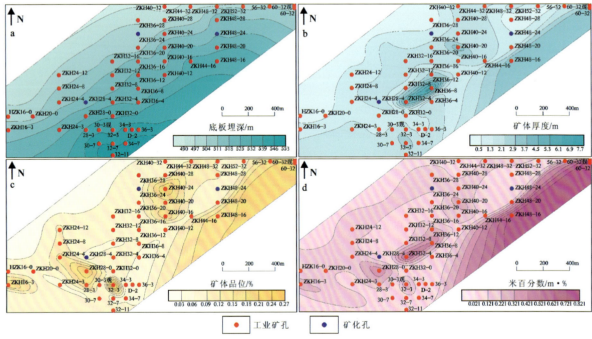

a.底板埋深等值线图；b.矿体厚度等值线图；c.矿体品位等值线图；d.米百分数等值线图

图 4-4 33-1 号主要矿体特征平面示意图

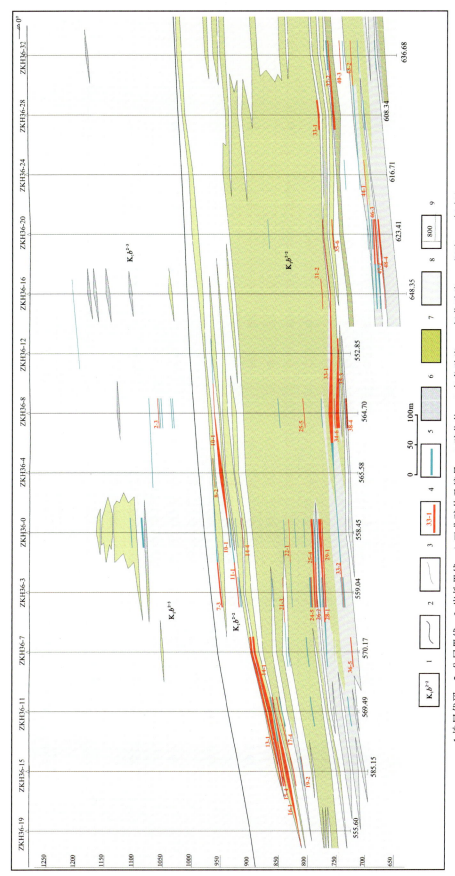

图4-5 塔木素铀矿床H36号勘探线地质剖面图

1.地层代码；2.分层界线；3.岩性界线；4.工业矿体及编号；5.矿化体；6.灰色砂岩；7.氧化砂岩；8.泥岩；9.标高/m

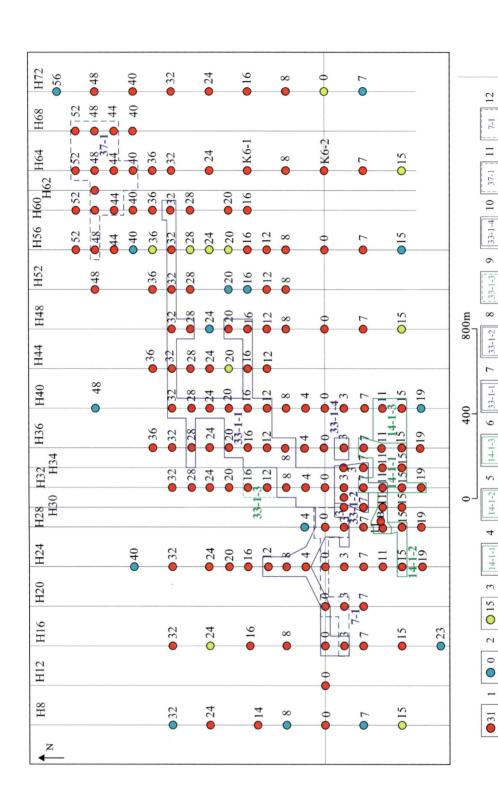

图4-6 塔木素铀矿床主要矿体平面投影叠合示意图
(投影图中绿色代表混合类矿石,蓝色代表砂岩类矿石)

1.工业铀矿孔;2.铀矿化孔;3.铀异常孔;4.14-1-1号块段;5.14-1-2号块段;6.14-1-3号块段;7.33-1-1号矿体;8.33-1-2号块段;9.33-1-3号块段;10.33-1-4号块段;11.37-1号矿体;12.7-1号矿体

表 4-2 塔木素铀矿床主要矿体特征一览表

序号	矿体号	矿体规模		厚度			品位			矿体米百分数		H_s/m	矿体形态	主要岩性
		H_1/m	H_2/m	L/m	L_0/m	B_0/m	C/%	C_0/%	B_0/%	C_m/m·%	C_{m0}/m·%			
1	33-1	2300	50~750	0.50~7.39	1.79	79	0.050~0.270	0.109	55	0.040~0.816	0.195	493.71~550.10	板状	砂岩
2	14-1	900	50~350	0.80~8.29	2.76	85	0.053~0.264	0.107	53	0.051~1.724	0.295	382.74~453.61	板状	砂岩夹泥岩
3	32-4	700	50~100	0.47~4.68	2.20	81	0.059~0.322	0.218	79	0.035~1.507	0.480	516.43~541.67	板状	砂岩
4	37-1	700	50~350	0.50~4.20	1.68	63	0.054~0.307	0.137	68	0.037~0.945	0.230	492.28~512.28	板状	砂岩
5	7-1	750	50~175	0.70~8.96	3.10	104	0.050~0.126	0.095	40	0.039~1.129	0.295	298.27~322.20	板状	砂岩夹泥岩
6	13-1	900	50~250	0.86~4.46	2.20	61	0.050~0.367	0.121	77	0.052~0.989	0.266	372.80~431.44	板状	砂岩

注：H_1.矿体长度；H_2.矿体宽度；L.单工程矿体厚度；L_0.平均厚度；B_0.变化系数；C.单工程矿体品位；C_0.平均品位；C_m.单工程米百分数；C_{m0}.平均米百分数；H_s.矿体底板埋深。

3. 32-4 号主要矿体

32-4 号主要矿体位于矿床中部 H44—H56 线之间，目前由 4 个钻孔控制。矿体平面上近北东东向展布，剖面上呈板状（图 4-6，表 4-2）。矿体长 700m，宽 50~100m；矿体底板埋深 516.43~541.67m，矿体倾角 5°左右，与地层产状基本一致。单工程矿体厚度 0.47~4.68m，平均厚度 2.20m，厚度变化系数 81%，厚度较稳定。矿体品位 0.059%~0.322%，平均品位 0.218%，品位变化系数 79%，分布较均匀。单工程米百分数 0.035~1.507m·%，平均米百分数 0.480m·%（表 4-2）。

4. 37-1 号主要矿体

37-1 号主要矿体位于矿床北东部 H56—H68 线之间，目前由 11 个钻孔控制。矿体平面呈近东西向带状展布，剖面上为板状（图 4-6，表 4-2）。矿体长 700m，宽 50~350m；矿体埋深 492.28~512.28m，矿体倾角 3°左右，略小于地层倾角。单工程矿体厚度 0.50~4.20m，平均厚度 1.68m，厚度变化系数 63%，厚度较稳定。矿体品位 0.054%~0.307%，平均品位 0.137%，品位变化系数 68%，分布较均匀。单工程米百分数 0.037~0.945m·%，平均米百分数 0.230m·%。矿体底板埋深 492.28~512.28m。

5. 7-1 号主要矿体

7-1 号主要矿体位于矿床西南部 H16—H30 线之间、纵 H0 线以南，目前由 6 个钻孔控制。矿体平面上呈近东西向展布，剖面上为板状（图 4-6，表 4-2）。矿体长 750m，宽 50~175m；矿体底板埋深 298.27~322.20m，矿体倾角 8°左右，略大于地层倾角。单工程矿体厚度 0.70~8.96m，平均厚度 3.10m，厚度变化系数 104%，厚度稳定。矿体品位 0.050%~0.126%，平均品位 0.095%，品位变化系数 40%，分布较均匀。单工程米百分数 0.039~1.129m·%，平均米百分数 0.295m·%。

6. 13-1 号主要矿体

13-1 号主要矿体位于矿床中南部 H24—H40 线之间、纵 H7 以南,目前由 17 个钻孔控制。矿体平面呈近东西向展布,剖面上叠置于 14-1 号主要矿体之上,呈板状(图 4-5、图 4-6,表 4-2)。矿体长 900m,宽 50~250m,矿体底板埋深 372.80~431.44m,矿体倾角 8°左右,与地层产状基本一致。单工程矿体厚度 0.86~4.46m,平均厚度 2.20m,厚度变化系数 61%,厚度较稳定。矿体品位 0.050%~0.367%,平均品位 0.121%,品位变化系数 77%,分布较均匀。单工程米百分数 0.052~0.989m·%,平均米百分数 0.266m·%。

总体来看,矿床由北向南,主要矿体发育规模增大后再减小,尤以 33-1 号主要矿体发育规模最大;主要矿体埋深逐步变浅,赋矿岩性由砂岩逐步演变为砂岩夹泥岩,受赋矿部位由扇三角洲前缘亚相渐变为前扇三角洲亚相所影响,同时矿体厚度略有增大、品位略有增高,在一定程度上体现出沉积相与层间氧化带的联合控矿作用。

第二节 矿石特征

一、矿石物质成分

(一)砂岩矿石

1. 碎屑物特征

砂岩铀矿石一般为不等粒砂状结构,块状构造,以孔隙式胶结和基底式胶结为主(图 4-7)。铀成矿与砂岩的粒度并无直接联系,碎屑物主要为石英、长石、岩屑,样品中植物碎屑常见。砂岩矿石中碎屑含量 73%~95%不等(部分样品碎屑排列显示定向性),平均 88.2%。碎屑中石英含量 10%~77%,平均 40.9%;长石含量 15%~85%,平均 51.8%;岩屑主要为花岗岩屑,含量 1%~30%,平均 7.6%。填隙物含量 5%~27%,平均 11.8%(表 4-3)。围岩砂岩中碎屑含量 72%~93%不等(部分样品碎屑排列显示定向性),平均 86.3%;碎屑中石英含量 42%~85%,平均 61.4%;长石含量 15%~50%,平均 34.0%;岩屑主要为花岗岩屑,含量 1%~20%,平均 4.7%;填隙物含量 6%~28%,平均 13.7%。从分析可知,矿石中石英含量小于围岩而长石含量略高于围岩,填隙物的含量两者接近。

石英多呈粒状,结构较完整,常具弱的波状消光,个别具有亚颗粒现象(图 4-7a)。在石膏发育的地区,石英可被石膏交代,形成交代残留体。在白云石发育的地区,石英也可被白云石交代。阴极发光观察显示,塔木素地区铀矿石中的石英主要为蓝色调,且在其边部未见有不发光的生长边,由此可见,铀矿石中的石英主要来自蚀源区的花岗岩等火成岩,而非砂岩成岩的自生石英。

长石以斜长石为主,钾长石相对较少。斜长石聚片双晶发育,且多数呈密集的聚片双晶。斜长石总体蚀变较弱,通常在斜长石表面形成浊化现象,一般不形成伊利石化(绢云母化、水云母化)。经显微镜下观察及电子探针成分测定,铀矿石及矿化砂岩中的斜长石主要为钠长石。个别斜长石发育有净边现象,总体规模和强度均不大,个别形成较大的净边(图 4-7b),且蚀源区花岗岩中的斜长石也多具有净边现象,由此推断,净边钠长石形成于花岗岩阶段,而不是砂岩成岩期及后期热液作用阶段的产物。钾长石多为条带钾长石,个别具格子双晶,少数钾长石局部被钠长石交代,形成棋盘格子状钠长石化(图 4-7c),总体较新鲜,个别具有弱的泥化现象。有时可见钾长石中有蠕英石发育(图 4-7d)。

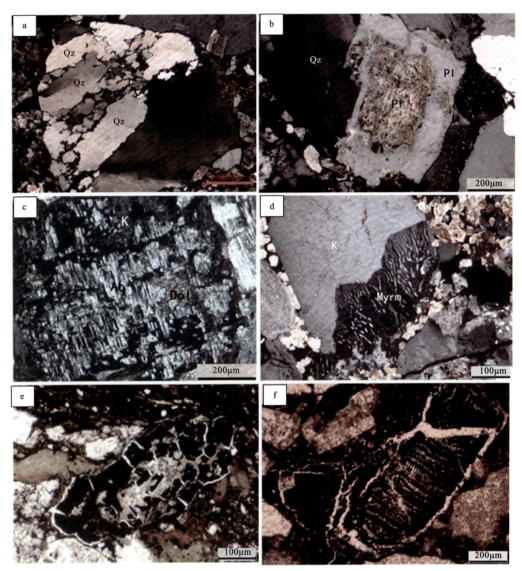

a. 具波状消光及亚颗粒的石英,左侧石英(Qz)具有弱的波状消光,右侧石英具有亚颗粒现象,ZKH52-12,524.3m,正交偏光;b. 发育有净边的斜长石,斜长石(Pl)中心部位发育有蚀变现象,周边形成净边(宽约100μm),左侧石英具波状消光,ZKH52-12,524.3m,正交偏光;c. 钾长石的棋盘格子状钠长石化,钾长石(K)被钠长石(Ab)交代,钠长石呈棋盘格子状,后被白云石(Dol)交代,ZKH40-20,501.2m,正交偏光;d. 钾长石边部形成的蠕英石,钾长石(K)边部形成的蠕英石(Myrm),ZKH52-12,524.3m,正交偏光;e. 砂岩中的植物碳屑,植物碳屑(图中黑色部分)具干裂纹,ZKH52-12,525.8m,单偏光;f. 植物胞腔,ZKH32-3,535m,单偏光

图 4-7 塔木素铀矿床砂岩矿石碎屑物特征

岩屑发育不均匀,主要为花岗岩岩屑,有的砂岩铀矿石中岩屑很多,有的砂岩铀矿石中岩屑很少见。

植物碎屑较发育,从粗砂岩到粉砂岩,各个岩性段均可见,植物碎屑的含量与砂岩中碎屑的粒度有一定的关系,通常粗砂岩中植物碎屑含量相对较少,而细砂岩、粉砂岩中植物碎屑含量较多,个别粉砂岩中植物碎屑的含量可达10%左右。植物碎屑在砂岩中总体具有定向排列的特征。特别是在细砂岩或粉砂岩中,定向性更为明显。经成分测定,大多植物碎屑已炭化,少量为碳酸盐化,极少量为黄铁矿化。较大的植物碎屑呈粒状或脉状,且多发育有裂纹(图4-7e),被后期的黄铁矿、碳酸盐等矿物充填或交代。部分植物碎屑保留有原始植物的胞腔等组织结构(图4-7f)。植物碎屑及其内部形成的裂纹、胞腔等组织结构内可以为铀沉淀提供有利环境和赋矿空间,部分铀矿物产于其中。黑云母含量很少。砂岩铀矿石中,有时可见有极少量的黑云母,含量一般不超过1%。

表 4-3 塔木素铀矿床砂岩矿石与围岩主要物质成分统计 单位:%

类别		碎屑物	石英	长石	花岗岩屑	填隙物
砂岩矿石	平均	88.2	40.9	51.8	7.6	11.8
	最大	95	77	85	30	27
	最小	73	10	15	1	5
	计数	215	218	218	171	209
砂岩围岩	平均	86.3	61.4	34.0	4.7	13.7
	最大	93	85	50	20	28
	最小	72	42	15	1	7
	计数	100	103	103	88	100

注:统计样品剔除了偏离均值加减3倍标准偏差的样品,数据来自核工业包头地质矿产分析测试中心。

2. 胶结物特征

砂岩铀矿石胶结物主要有碳酸盐和石膏(图 4-8),还含有少量铁质及植物碳屑等,黏土矿物含量很少。碳酸盐胶结物的形成时间要早于石膏的形成时间。

(1)白云石系列胶结物。此类胶结物包括铁白云石、含铁白云石和白云石,三者通常共同产出(图 4-8 a、b、c)。白云石主要呈粒状,少数呈团块状,未见脉状白云石产出。从三者形成的先后关系可以看出,铁白云石形成时间最早,其次是含铁的白云石,白云石的形成时间最晚。铁白云石往往出现在核部,一般呈晶形很好的菱形、长方形或正方形,含铁白云石出现在中间部位,通常也会形成晶形较好的菱形、长方形,白云石则在最外部,受结晶性质及外部空间的制约,白云石晶型较差。受形成环境脉动影响,往往可以看到含铁白云石与白云石呈韵律交替产出的现象。

在受后期层间渗透氧化的部位,铁含量较高的铁白云石及含铁白云石受后期氧化作用明显,含铁白云石和铁白云石中的铁可被氧化成水针铁矿等铁的氧化物,从而在原铁白云石位置形成了"红色的核"。与铁白云石一样,含铁白云石中的铁受后期氧化作用后,也会形成红色的铁染。白云石系列胶结物与铀矿化关系较为密切。

(2)方解石胶结物。在主矿层的砂岩中方解石并不十分多见,局部也可有由大量方解石组成的胶结物(图 4-8d)。方解石的胶结物与铀成矿的关系不如白云石密切,以方解石作为主要胶结物的地段,一般不形成铀矿化,在成岩后期仍有方解石活动迹象,主要呈脉状穿插于岩石的裂隙中。

(3)石膏胶结物。在砂岩铀矿石中,石膏分布不如白云石系列普遍,有些铀矿中缺少石膏,或石膏的含量很低。由此可见,铀富集与石膏在空间上的关系并不密切。因此,在成因上也无必然的联系。石膏主要分布在粒间孔隙内,可包裹较早生成的含铁白云石及白云石等矿物(图 4-8a、b、c)。石膏在矿石中呈密集的聚片状,且其聚片的方向总体保持一致,具有定向性,推测在其形成过程中具有弱的流水作用。通过扫描电子显微镜(SEM)观察,石膏薄片状明显,集合体呈书页状(图 4-8e、f)。

(4)黏土矿物胶结物。大量研究(如鄂尔多斯盆地、伊犁盆地)发现,高岭土主要存在于钾长石及胶结物中,蒙皂石和伊利石主要存在于斜长石和胶结物中,绿泥石则主要存在于胶结物中。塔木素铀矿床铀矿石通过大量的扫描电子显微镜观察,钾长石中未发现有明显高岭石化的现象,斜长石中也未发现有明显的伊利石化和蒙皂石化,在胶结物中也未发现上述黏土矿物明显存在的现象。对矿石样品进行全

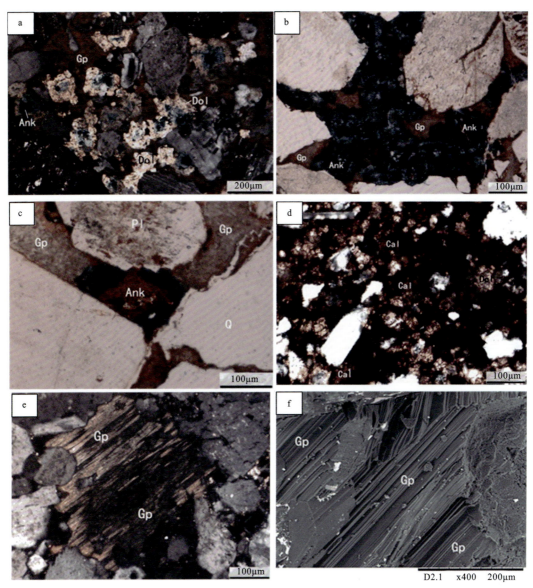

a. 白云石系列胶结物,铁白云石(Ank)位于核部,含铁白云石(浅蓝色)位于中间,白云石(Dol)位于边部,被后期石膏(Gp)包裹。样品取自 ZKH36-12 钻孔深 520m 处,混合试剂染色,正交偏光。b. 白云石系列胶结物,碎屑物粒间的铁白云石(Ank)、含铁白云石(浅蓝色)、石膏(Gp)胶结物。样品取自 ZKH52-12 钻孔深 524.4m 处,混合试剂染色,单偏光。c. 白云石系列胶结物,碎屑物粒间的菱形铁白云石(Ank)被氧化成红色,边部含铁白云石(浅蓝色)为氧化弱,石膏(Gp)局部被染红。样品取自 ZKH52-12 钻孔深 524.4m 处,混合试剂染色,单偏光。d. 方解石胶结物,砂岩中的方解石(Cal)胶结物,染色后呈红色,可见白云石(Dol)共同产出,样品取自 ZKH36-12 钻孔深 519.7m 处,混合染色,正交偏光。e. 石膏,在岩石中总体呈定向排列。样品取自 ZKH44-12 钻孔深 515m 处,正交偏光。f. 粒间书页状石膏,碎屑物粒间的片状石膏组合成书页集合体,亮白色为沥青铀矿,扫描电子显微镜图像。样品取自 ZKH52-12 钻孔深 524.4m 处

图 4-8 塔木素铀矿床砂岩矿石中胶结物特征

岩 X 衍射分析(图 4-9),检测到有黏土矿物存在。分析了 10 件矿石样品,仅有 4 件显示有黏土矿物,而且含量较少,无法在物相中体现出来,其余 6 件的黏土含量均在检测线以下,显示黏土在样品中的总体含量不高。对 X 衍射图谱剖析、对比发现,谱图中显示的峰值并无典型黏土矿物峰值,推断矿石中黏土矿物的含量极低。

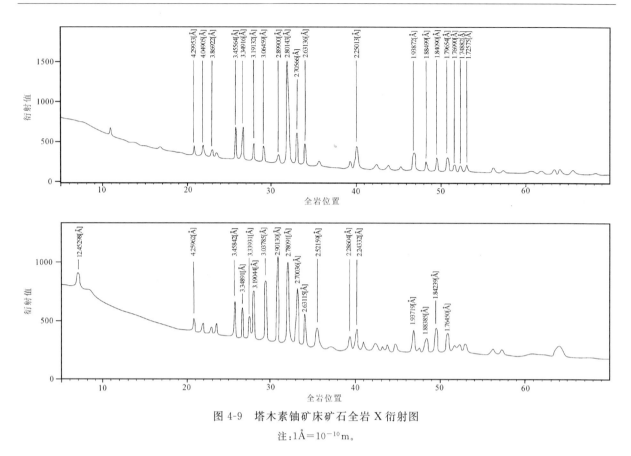

图 4-9 塔木素铀矿床矿石全岩 X 衍射图

注：$1Å=10^{-10}m$。

(5)其他胶结物。经观察，除白云石系列矿物和石膏外，还可见有褐铁矿等铁质胶结物，以及由细小的碳质物质组成的胶结物。

(二)泥岩矿石

泥岩矿石主要由深灰色、灰色泥岩、粉砂岩和浅灰色、灰白色泥灰岩、灰岩组成，其次见浅褐白色、紫红色矿石。细碎屑岩矿石常含有一定的钙质。

对 9 块黏土岩样品（多数为无矿样品）进行了 X 射线衍射分析（表 4-4），黏土矿物主要由方沸石、钠长石、高岭石、伊利石、绿泥石和蒙脱石组成，见有白云石、方解石和菱铁矿等。方沸石的质量分数在 21.3%～36.3%之间，钠长石的质量分数在 21.7%～59.8%之间。

利用扫描电镜对编号为 ZKH16-16-2（深度为 635.3m）和 ZKH24-16 的黏土岩样品进行了形态分析。实验采用 JSM-35CF 型扫描电子显微镜，测试条件为：加速电压 25kV，工作电流 $2×10^{-11}$ A。a1、b1、c1、d1 及 a2、b2、c2、d2 分别是样品 ZKH16-16-2 和 ZKH24-16 在 100、800、2000、5000 倍下拍摄的照片。通过扫描电子显微镜观察得知，ZKH16-16-2 试样中的黏土矿物主要为呈细粒状自形晶或无定形胶质体状的方沸石、架状钠长石和以半自形菱形为主的白云石，同时还有少量片层状的伊利石和高岭石。方沸石粒径一般为 0.08～0.35mm，白云石表面布满丘状颗粒，由粒度小于 0.005mm 的他形晶构成，与菱铁矿呈胶结物形式赋存于方沸石颗粒之间，说明白云石等碳酸盐矿物的形成晚于方沸石。ZKH24-16 试样中的黏土矿物同样主要为呈细粒状自形晶或无定形胶质体状的方沸石、架状钠长石和以半自形菱形为主的白云石，同时还有少量片架状的正长石和层状的伊利石。由以上分析可知，X 射线衍射分析结果与扫描电子显微镜分析结果是一致的。

表 4-4 塔木素铀矿床黏土岩矿物的 X 射线衍射分析结果

序号	试样编号	深度/m	密度/($\times 10^3$ kg·m^{-3})	纵波波速/(m·s^{-1})	黏土矿物种类及质量分数
1	ZKH8-14	605	2.46	4237	方沸石=21.30%,钠长石=38.12%,白云石=27.43%,正长石=9.84%,伊利石=3.31%
2	ZKH80-17	622	2.54	4065	钠长石=27.06%,白云石=58.29%,正长石=5.29%,伊利石=9.36%
3	TMS06	629	2.47	4274	钠长石=59.82%,白云石=16.77%,正长石=15.53%,伊利石=7.89%
4	TMS03	703	2.41	3968	方沸石=33.30%,钠长石=21.73%,白云石=8.62%,高岭石=5.74%,伊利石=9.59%,方解石=17.39%,蒙脱石-绿泥石=3.63%
5	ZKH16-16-1	620	2.57	4545	方沸石=25.51%,钠长石=43.80%,白云石=20.66%,菱铁矿=5.79%,伊利石=2.90%,高岭石=1.35%
6	ZHK16-16-2	635.3	2.44	3226	方沸石=35.71%,钠长石=34.80%,白云石=13.95%,正长石=7.98%,伊利石=4.35%,高岭石=3.20%
7	ZKH16-16-3	643	2.47	5000	方沸石=22.14%,钠长石=37.47%,白云石=23.91%,正长石=7.70%,伊利石=6.63%,高岭石=2.15%
8	ZKH0-16	650.5	2.34	4167	方沸石=36.33%,钠长石=27.75%,白云石=17.20%,正长石=8.07%,伊利石=7.14%,高岭石=3.50%
9	ZKH24-16		2.52	5155	方沸石=22.66%,钠长石=34.51%,白云石=31.27%,正长石=9.32%,伊利石=2.23%

二、铀分布特征

通过光学显微镜、扫描电子显微镜、电子探针及放射性照相等实验手段,将铀在岩石中的分布分为3种类型:一是矿物内部及周边的铀;二是胶结物中的铀;三是植物碎屑内的铀。

(一)矿物内部及周边的铀

此类铀包括矿物解理内的铀、矿物表面孔洞内的铀、矿物裂隙内的铀等。

1. 矿物解理内的铀

矿物解理内的铀主要发育在斜长石解理缝中(图 4-10a)。塔木素铀矿床中因其地下水为高矿化度的水,可与砂岩发生水岩作用,对砂岩中的斜长石进行了溶蚀,使水中的 Na^+ 替换了斜长石中的 Ca^{2+},因此斜长石的解理有相对更大的空间,更有利于这种替换作用的发生。铀既可呈点状或线状依附在解理的外缘,也可呈面状平铺在整个解理面内(图 4-10a、b)。

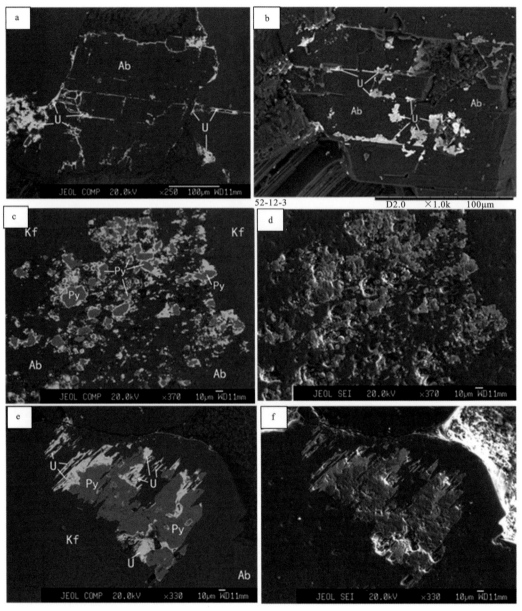

a.斜长石解理及裂隙中的铀,斜长石(已变为钠长石 Ab)两组解理[(010)和(010)]及裂隙中的铀(U),样品取自 ZKH52-12 钻孔深 524.3m 处,电子探针背散射图像;b.斜长石解理中的铀,斜长石(已变为钠长石 Ab)解理(010)中的铀(U),样品取自 ZKH52-12 钻孔深 524.4m 处,扫描电子显微镜图像;c.斜长石表面孔洞中的铀,斜长石(Pl)表面孔洞中的铀(U),斜长石边部钠长石净边中无铀矿物,样品取自 ZKH52-12 钻孔深 524.3m 处,电子探针背散射图像;d.斜长石表面孔洞中的铀,与 c 同一视域,可见与铀矿物对应的地点均为孔洞,电子探针二次电子图像;e.钾长石表面孔洞中的铀,钾长石(Kf)表面孔洞中的铀(U),孔洞中见较多的黄铁矿(Py),样品取自 ZKH52-12 钻孔深 524.3m 处,电子探针背散射图像;f.钾长石表面孔洞中的铀,与 e 同一视域,可见与铀矿物对应的地点均为孔洞,电子探针二次电子图像

图 4-10 塔木素铀矿床矿物内部及周边的铀

2. 矿物表面孔洞内的铀

矿物表面孔洞内的铀主要分布在斜长石及钾长石表面的微孔中。地下水对斜长石表面的改造主要体现在两个方面：溶解和溶蚀。斜长石，特别是牌号相对较高的斜长石很容易发生伊利石化，在花岗岩阶段即有或多或少的伊利石化发生。在深埋过程中，由于水岩作用，斜长石表面的伊利石被地下的高矿化度水溶解，伊利石被溶解后，在其原来位置处会形成"浅坑"，这种浅坑可为铀沉淀提供空间（图4-10c、d）。溶解后形成的浅坑增加了地下水与斜长石接触的表面积，在浅坑处水岩间的作用更为充分，导致原来的浅坑逐渐变宽、加深，空间进一步加大，从而为铀沉淀提供了更为有利的空间。

矿物表面孔洞中常见有较多的黄铁矿颗粒充填，铀多与黄铁矿共同产出，也可单独存在。与黄铁矿共同产出的铀多呈环边状围绕黄铁矿（图4-10c、d），由此推断，矿物表面孔洞中的黄铁矿大多早于铀矿充填，当有后期铀矿物充填后，形成铀与黄铁矿共同产出的现象。

3. 矿物裂隙内的铀

受应力作用影响，个别矿物因应力作用破裂形成裂隙，裂隙内形成的空间可为铀沉淀提供场所，裂隙可以在砂岩中的各种矿物中形成，如长石、石英等。铀沉淀时对矿物并无明显的选择性，即铀在各种矿物的裂隙中均可沉淀（图4-10f）。

（二）胶结物中的铀

与铀成矿作用关系较为密切的胶结物为白云石（包括含铁白云石、铁白云石），碳酸盐内的储集空间按形态可分为孔（洞）和缝两种类型。本书中孔（洞）是指粒间、晶间孔隙或者溶洞或溶解孔隙，既有原生，也有次生，包括溶洞（无充填物）和晶洞（有结晶质充填）。缝指裂隙，是岩石受应力作用而产生的裂缝。与之相适应，铀在胶结物中可分为孔（洞）内的铀和缝内的铀两种，并且常常共同产出。

1. 孔（洞）内的铀

此类孔（洞）包括白云石晶粒粒间的孔、白云石晶粒与碎屑物间的孔，也包括白云石化（如灰岩的白云石化作用）形成的微孔及后期含酸的水溶液对白云石溶解形成的小孔（洞）。当胶结物内的孔比较均匀时，铀矿物主要呈细粒或微粒状均匀分布。当孔较大时，铀则主要以充填形式充填于孔中。当胶结物与碎屑物晶粒间接触不紧密时，铀则围绕碎屑物晶粒边缘分布。水岩作用形成的溶洞内的铀主要从溶洞的壁开始沉淀，并逐渐向中心生长，铀多呈薄膜状、球粒状。白云石粒间及白云石与碎屑物接触部位也是铀存在的有利空间（图4-11）。

2. 缝内的铀

此类铀比较少见，局部溶蚀、溶解强烈地带也是应力容易集中的地带，裂隙铀多与孔内铀及洞内铀叠加出现。缝内的铀受缝的形态控制，多呈脉状（图4-11e）。

（三）植物碎屑内的铀

在砂岩矿石中，特别是粒度较细的细砂岩、粉砂岩中，植物碎屑含量较高，植物碎屑对铀沉淀作用较明显。

1. 裂隙内的铀

较大的植物碎屑受脱水干裂等作用影响，植物碎屑发育有较多的裂纹，在裂纹内充填有粒状、草莓

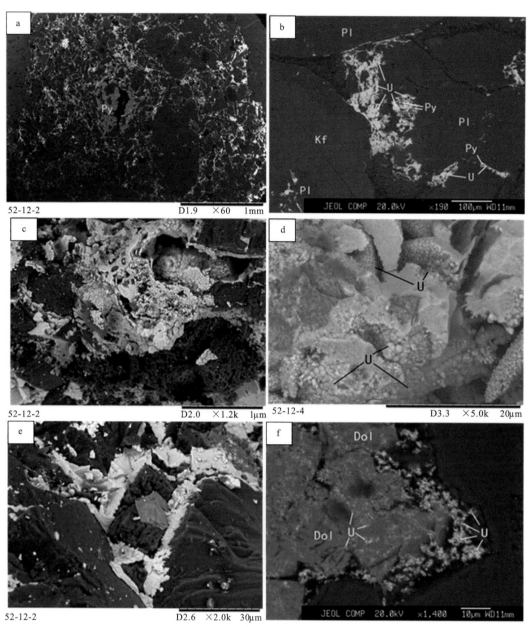

a. 砂岩铀矿石胶结物中沥青铀矿(亮白色)分布特征,中间部位溶洞中见黄铁矿(Py),电子探针背散射图像;b. 粒间沥青铀矿,钾长石(Kf)和斜长石(Pl)粒间分布的沥青铀矿(U),局部围绕黄铁矿(Py)分布,斜长石裂隙内(右下角处)见沥青铀矿,样品取自 ZKH52-12 钻孔深 524.3m 处,电子探针背散射图像;c. 溶洞中球粒状沥青铀矿,溶洞中的沥青铀矿(白色及白色球状),样品取自 ZKH52-12 钻孔深 524.3m 处,扫描电子显微镜图像;d. 溶洞中球粒状沥青铀矿,溶洞中的沥青铀矿(全视域内的白色及白色球状),样品取自 ZKH52-12 钻孔深 524.3m 处,扫描电子显微镜图像;e. 缝中的沥青铀矿,胶结物缝隙中的沥青铀矿(亮白色),样品取自 ZKH52-12 钻孔深 524.4m 处,扫描电子显微镜图像;f. 白云石胶结物中的沥青铀矿,白云石(Dol)胶结物中的沥青铀矿(U),可见与铀矿物对应的地点均为孔洞,样品取自 ZKH52-12 钻孔深 524.3m 处,电子探针背散射图像

图 4-11 塔木素铀矿床胶结物中的铀

状的黄铁矿,同时在黄铁矿的周边也沉淀有铀(图 4-12a)。

2. 腔胞内的铀

植物腔胞被胶状的黄铁矿交代后仍保留原始的结构,在胶状的黄铁矿周边或植物的腔胞内可见铀的沉淀(图 4-12b)。

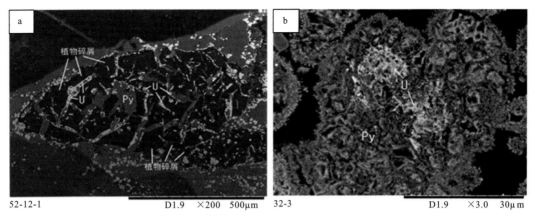

a. 植物碳屑裂缝中的沥青铀矿,植物碳屑(中部深灰色)裂缝中的沥青铀矿(U),裂缝中还见黄铁矿(Py),样品取自 ZKH52-12 钻孔深 524.2m 处,扫描电子显微镜图像;b. 植物胞腔中的沥青铀矿,植物碎屑被胶状黄铁矿(Py)交代并保留有原始的胞腔结构,沥青铀矿(U)分布在胞腔内,样品取自 ZKH32-3 钻孔深 535m 处,扫描电子显微镜图像

图 4-12　塔木素铀矿床植物碎屑内的铀

3. 吸附铀

由于植物碎屑具有较强的吸附能力,通过扫描电子显微镜观察,部分植物碳屑吸附零星的铀。

三、铀的存在形式

根据铀矿石电子探针分析,矿石中的铀主要以独立矿物的形式存在,可见少量吸附态铀。独立的铀矿物主要为沥青铀矿、铀石和含钛铀矿物。

1. 沥青铀矿

据核工业北京地质研究院最新电子探针测定资料,矿石中铀的独立矿物以沥青铀矿为主(表 4-5),UO_2 的含量为 50.77%～89.86%,平均含量为 77.71%。除个别测点(如测点 1—3)含有较多的 TiO_2 外,其他钛含量均很少,TiO_2 平均含量为 2.75%,个别测点测试结果中钛含量高是因为沥青铀矿与含钛矿物呈混合状混杂在一起,且沥青铀矿的粒度较小,在测试过程中会受到周围含钛矿物的影响。

值得注意的是,SiO_2 含量的变化很大,变化范围为 0.49%～17.89%,平均为 4.23%。对 SiO_2 含量高的铀矿物进行进一步研究发现,SiO_2 含量高的测点中 Al_2O_3 的含量并没有相应增高,因此能够推断电子探针在测试过程中未受到铀矿物周边的斜长石等寄主矿物的干扰,而且可以排除测试对象的寄主矿物非石英。因石英是酸性矿物在碱性条件下溶解,在酸性条件下沉淀,石英等富 SiO_2 的矿物在碱性且碳酸盐地下水中可以溶解。同时,地下卤水会与斜长石发生水岩反应,使斜长石中的钙长石转变为钠长石,在转变过程中会有多余的 SiO_2 参与,否则,斜长石就不能转变为钠长石。当溶解的石英刚好在斜长石转化为钠长石的过程中消耗时,水溶液中没有多余的 SiO_2 存在,但当水中溶解的石英量大于斜长石转变为钠长石所需的石英量时,地下水体中会有多余的 SiO_2 存在,且在碱性环境中不沉淀,以胶体的形式存在,呈胶体的 SiO_2 会吸附铀酰离子并与之结合、沉淀,造成沥青铀矿中 SiO_2 含量的增高。

沥青铀矿中含 Th 和 Pb 极少或不含,如含 Pb 量高,则可能形成的时间较老,含 Pb 量少说明沥青铀矿形成的年龄较新。此外,沥青铀矿中还含少量的 Ca、Na、P 等杂质。

对 ZKH52-12 钻孔砂岩矿段重砂选出的铀矿物运用 X 衍射进行分析可以看出,铀矿物为沥青铀矿(图 4-13)。

表 4-5 塔木素铀矿床铀矿物电子探针测试结果表

单位：%

测点	SiO$_2$	TiO$_2$	UO$_2$	ThO$_2$	Al$_2$O$_3$	V$_2$O$_3$	Cr$_2$O$_3$	FeO	MnO	MgO	CaO	PbO	Na$_2$O	K$_2$O	P$_2$O$_5$	SO$_3$	总量	备注
1	0.82	0.33	87.45	0.78	0.03	/	/	0.75	/	/	3.71	/	1.33	0.14	/	0.40	95.74	沥青铀矿
2	0.79	0.35	88.85	0.81	0.09	/	/	0.39	/	/	5.13	/	1.61	0.12	/	0.08	98.31	沥青铀矿
3	0.82	/	87.82	0.76	0.08	/	/	0.65	0.07	0.02	6.07	0.09	1.16	0.14	0.09	0.12	97.94	沥青铀矿
4	0.75	/	88.83	0.80	0.09	/	/	0.66	0.09	0.05	5.79	/	1.30	0.16	0.09	0.04	98.51	沥青铀矿
5	0.78	0.47	89.86	0.73	0.06	/	/	0.28	/	/	4.03	/	1.21	0.11	0.06	/	97.59	沥青铀矿
6	0.76	0.28	89.66	0.82	0.04	/	0.07	0.46	/	/	4.37	0.19	1.17	0.14	/	/	97.77	沥青铀矿
7	0.76	0.67	89.42	0.94	0.02	/	/	0.52	0.06	/	4.77	/	1.09	0.12	/	/	98.56	沥青铀矿
8	0.79	0.50	86.94	0.73	0.08	0.06	/	0.41	0.07	/	4.44	/	1.05	0.16	/	0.05	95.28	沥青铀矿
9	0.94	/	86.38	0.71	0.05	0.06	/	0.34	/	/	6.04	0.20	1.00	0.10	/	0.10	95.92	沥青铀矿
10	0.80	/	88.05	0.77	0.04	/	0.11	0.81	/	/	6.03	0.09	0.92	0.12	0.05	0.07	97.86	沥青铀矿
11	0.84	0.17	87.46	0.80	0.11	0.07	/	0.56	0.10	/	6.13	/	0.88	0.12	0.16	/	97.33	沥青铀矿
12	0.53	/	89.62	0.85	/	/	/	0.68	/	/	5.51	0.38	1.15	0.11	0.08	0.26	99.24	沥青铀矿
13	1.03	0.19	85.99	0.76	0.08	/	0.09	1.11	0.08	/	5.11	/	0.96	0.15	0.14	0.82	96.42	沥青铀矿
14	0.87	0.72	88.39	0.75	0.04	/	/	0.58	/	/	4.75	0.18	0.76	0.12	/	0.08	97.15	沥青铀矿
15	0.89	0.58	87.03	0.84	0.10	/	0.09	0.52	/	/	5.26	0.31	0.90	0.10	/	0.05	96.27	沥青铀矿
16	1.00	0.86	86.54	0.79	0.03	0.07	0.13	0.56	/	/	2.82	0.14	1.83	0.22	0.16	0.25	95.15	沥青铀矿
17	0.70	/	89.03	0.82	0.06	/	/	1.10	/	0.03	6.43	/	1.04	0.14	/	0.24	99.94	沥青铀矿
18	0.61	/	88.00	0.82	0.05	/	/	0.70	/	/	6.74	/	0.89	0.13	0.07	/	98.35	沥青铀矿
19	0.93	0.36	88.15	0.79	0.04	/	/	0.48	/	/	3.94	/	1.27	0.17	0.09	0.15	96.51	沥青铀矿
20	0.92	0.59	88.66	0.84	0.02	/	/	0.31	0.15	/	4.94	/	1.21	0.19	/	0.14	97.82	沥青铀矿
21	0.85	0.26	83.04	/	0.06	/	/	0.44	/	/	5.18	/	2.27	0.67	0.17	0.14	93.23	沥青铀矿
22	7.76	/	72.17	0.05	0.21	/	/	0.16	/	0.18	6.34	/	0.24	0.44	5.93	0.73	94.21	沥青铀矿

第四章 矿体地质

续表 4-5

测点	SiO_2	TiO_2	UO_2	ThO_2	Al_2O_3	V_2O_3	Cr_2O_3	FeO	MnO	MgO	CaO	PbO	Na_2O	K_2O	P_2O_5	SO_3	总量	备注
23	0.49	1.73	61.62	0.13	0.10	/	/	7.48	0.14	0.24	2.86	0.22	2.95	0.41	2.10	10.57	91.04	沥青铀矿
24	0.87	0.17	82.08	/	0.08	/	/	0.41	/	/	5.37	0.12	1.37	0.15	1.47	0.24	92.33	沥青铀矿
25	6.53	/	68.43	/	0.10	/	/	0.43	/	0.09	6.50	/	/	/	9.34	1.09	92.51	沥青铀矿
26	6.39	/	71.14	/	0.09	/	0.08	0.63	/	0.23	5.40	0.14	0.87	/	9.15	1.24	94.27	沥青铀矿
27	12.13	0.67	67.80	/	0.46	/	/	0.14	/	0.36	5.09	0.10	1.00	/	6.02	0.94	94.70	沥青铀矿
28	12.54	0.36	66.47	/	0.50	/	/	0.26	/	0.45	5.32	0.03	1.02	/	6.26	1.48	94.74	沥青铀矿
29	11.15	0.21	68.98	0.07	0.50	/	/	0.29	/	0.53	5.12	/	/	/	6.13	1.20	95.20	沥青铀矿
30	12.83	/	63.05	/	1.89	/	0.16	0.66	/	1.41	4.81	0.04	1.75	/	7.34	1.17	94.94	沥青铀矿
31	10.38	0.11	65.95	/	1.60	/	0.89	0.72	/	1.17	4.60	/	2.28	/	5.88	1.16	94.05	沥青铀矿
32	13.98	/	62.33	/	1.16	/	/	0.18	/	1.08	7.62	0.09	1.15	/	9.61	1.10	99.10	沥青铀矿
33	10.57	/	74.74	/	2.62	/	0.09	0.41	0.05	0.68	4.03	0.12	3.42	/	1.67	2.17	100.40	沥青铀矿
34	13.04	0.22	68.96	/	0.40	/	0.13	/	/	0.06	4.44	/	0.17	/	4.66	0.23	92.44	沥青铀矿
35	14.40	/	67.14	/	0.41	/	/	0.44	0.07	0.42	4.56	0.14	0.26	/	4.62	1.46	93.40	沥青铀矿
36	9.15	0.14	68.46	/	0.22	/	/	0.58	/	0.15	4.80	0.16	0.12	/	8.63	2.00	94.11	沥青铀矿
37	7.59	0.16	69.10	/	0.21	/	/	0.57	0.05	0.31	5.17	/	0.94	/	7.97	1.88	93.12	沥青铀矿
38	7.51	0.22	70.88	/	0.53	/	0.61	0.37	/	0.20	4.31	/	0.45	/	7.22	1.91	93.96	沥青铀矿
39	1.53	0.34	86.03	0.08	0.31	/	0.89	0.95	/	0.56	3.67	/	2.18	/	2.35	1.43	98.85	沥青铀矿
40	17.89	0.25	50.77	/	2.07	/	/	0.84	/	1.25	5.67	/	2.76	/	7.95	1.74	91.96	沥青铀矿
41	2.39	0.40	78.34	/	0.64	/	/	1.18	/	0.37	4.22	/	1.19	/	3.41	1.08	93.77	沥青铀矿
42	1.15	8.96	74.86	/	0.19	/	0.25	/	/	0.23	1.97	/	2.35	/	1.73	0.82	93.44	沥青铀矿
平均	4.23	2.75	77.71	0.67	0.37	0.09	/	0.78	0.08	0.55	4.75	0.15	1.35	0.18	3.52	1.06	95.85	沥青铀矿

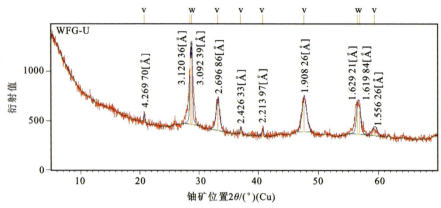

图4-13 塔木素铀矿床铀矿物X衍射图

对铀矿物进行红外分析(红外仪器型号为PE100),从红外谱图(图4-14)可以看出,沥青铀矿在1011.83~1034.99cm^{-1}区域和333.87~471.63cm^{-1}区域内有两个主要的吸收带。红外谱图上还出现了1600cm^{-1}(1634cm^{-1}、1627cm^{-1})附近和3600cm^{-1}附近(3469cm^{-1}、3437cm^{-1})的OH和H_2O吸收峰,显示沥青铀矿形成时具有弱水化作用。

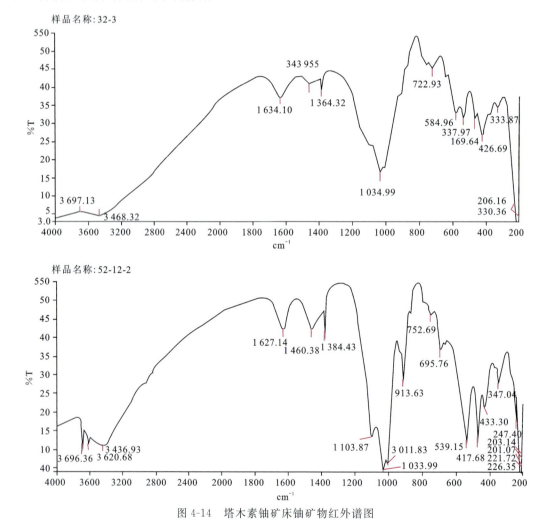

图4-14 塔木素铀矿床铀矿物红外谱图

据东华理工大学的电子探针成分分析和背散射电子图像的特征判断沥青铀矿的特点如下:沥青铀矿成分中UO_2含量79.38%~88.62%,平均84.69%;SiO_2含量0.29%~0.46%,平均0.40%;TiO_2含量 0～3.21%,平均 1.35%;FeO 含量 0.50%～1.59%,平均 0.98%;Al_2O_3 含量 0.01%～0.07%,平均 0.04%;MgO 含量 0.01%～0.37%,平均 0.12%;CaO 含量 2.26%～4.98%,平均 3.31%;P_2O_5 含量 0.34%～1.86%,平均 1.22%。沥青铀矿背散射电子图像表明,沥青铀矿分布在石英与黄铁矿之间,有些黄铁矿呈粒状或莓球状。有些沥青铀矿分布在黄铁矿中间,而黄铁矿分布在钾长石空洞中,有些分布在钠长石"溶蚀"的空洞内,有些分布在有机碳屑的边缘或中间(图 4-15)。

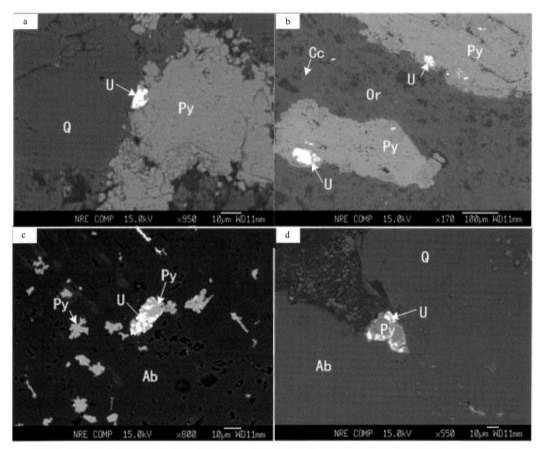

a. 沥青铀矿(U)分布在石英(Q)与黄铁矿(Py)之间,黄铁矿呈粒状或莓球状(中下),ZKH16-16,595.9m;b. 黄铁矿分布在钾长石空洞中,沥青铀矿分布在黄铁矿中间,胶结物有方解石(Cc),ZKH7-16,457.93m;c. 沥青铀矿分布在钠长石(Ab)空洞内,且与片状黄铁矿(Py)共生,ZKH56-48,498.50m;d. 黄铁矿充填于钠长石(Ab)和石英(Q)空隙中,沥青铀矿(U)分布在黄铁矿中间,ZKH40-16,513.4m

图 4-15 塔木素铀矿床沥青铀矿电子探针背散射图像

2. 铀石

东华理工大学电子探针成分分析表明:铀石中 UO_2 的含量 67.12%～87.31%,平均 74.84%;SiO_2 的含量 3.85%～20.48%,平均 11.85%;MgO 含量 0.04%～0.34%,平均 0.22%;CaO 含量 1.91%～6.44%,平均 4.20%;P_2O_5 含量 1.87%～10.64%,平均 6.25%;FeO 含量 0.54%～0.84%,平均 0.64%;不含 TiO_2。在电子探针的背散射电子图像中,铀石分布在草莓状黄铁矿中,或在斜长石颗粒边缘,铀石也分布在钠长石矿物缝隙中,被黄铁矿包围。

3. 含钛铀矿物

矿床中除了沥青铀矿和铀石外,东华理工大学电子探针定量分析结果发现了一种矿物含钛较高(图 4-16),有时跟 TiO_2 密切共生在一起。电子探针成分分析表明:UO_2 含量 35.20%～79.58%,平均

56.40%；TiO$_2$含量11.86%~51.53%，平均33.26%；SiO$_2$含量0.19%~1.58%，平均0.61%；MgO含量0~0.80%，平均0.19%；FeO含量0.90%~2.50%，平均1.72%；CaO含量0.86%~3.70%，平均1.94%；P$_2$O$_5$含量0.37%~1.44%，平均0.77%。从电子探针的背散射图像中分析，所测试的样点均为独立的矿物，"含钛铀矿物"与TiO$_2$密切共生。"含钛铀矿物"以颗粒形式分布在碱性长石、钠长石组成的空隙间，有些"含钛铀矿物"与含钛金属矿物或氧化钛(TiO$_2$)共生在一起，共同蚀变交代了碱性长石的边缘。另外，含钛金属矿物或氧化钛物质与"含钛铀矿物"充填在碱性长石、钠长石、石英、方解石组成的空隙空间中，方解石呈菱形自形晶。石英被含钛金属矿物或氧化钛和"含钛铀矿物"包围，呈孤立的小颗粒状，可能是被溶蚀的结果。另一些"含钛铀矿物"和TiO$_2$明显充填在空隙间，可能与空隙间黏土矿物的蚀变变化有关。部分"含钛铀矿物"产于方解石矿物溶蚀湾内，明显晚于方解石的形成，而图像中的钠长石(Ab)插于钾长石(Kfs)与方解石的空隙中，也是晚于二者形成。"含钛铀矿物"中FeO含量较少，不足3%。核工业北京地质研究院电子探针分析未发现含钛铀矿物。

4. 吸附态铀

由于植物碎屑具有较强的吸附能力，通过扫描电子显微镜观察，部分植物碳屑吸附零星的铀。不等粒长石砂岩通过放射性径迹照相显示，铀主要以吸附形式存在，吸附剂为黏土化长石、褐铁矿及杂基中黏土矿物(图4-17)。

四、铀矿物结构

根据核工业北京地质研究院电子探针等微观分析，铀矿物结构分为以下8种。

1. 微粒浸染结构

这种结构主要出现在泥灰岩型铀矿石中，由于地下水的溶蚀及方解石白云岩化作用等，泥灰岩矿石中常具有蜂窝状或筛子状的孔洞，且较均匀分布，在孔洞中多充填有大量细粒黄铁矿。矿化较强的矿石中，铀矿物微粒可呈浸染状均匀分布。浸染状分布的铀呈非常细小的颗粒，粒径一般小于1μm。与该种铀一起产出的还有黄铁矿(图4-18a)，通常黄铁矿的粒度(>3μm)要远大于铀的粒度。这种微粒浸染状的沥青铀矿具有"原生"成因特征，也就是在富方解石泥灰岩成岩过程中形成，未经后期的再次迁移。

2. 环边结构

沥青铀矿以其他的矿物(主要为黄铁矿，少量为碎屑物颗粒)为核心，呈环状围绕在黄铁矿等矿物的外部，形成环边结构(图4-18b)。受空间等方面制约，环边往往发育不连续，仅有部分存在，当环边都存在时，在三维立体空间，沥青铀矿则呈"皮壳"包裹在核心矿物周边。据测，这种结构的沥青铀矿既有原生成因，也有次生成因。

3. 球粒结构

在较大的空间内，如溶洞及斜长石表面的坑洞等，沥青铀矿生长不受空间限制，于是形成了球状结构，初以洞壁为基础，沥青铀矿形成小球状，由于沥青铀矿球粒表面不光滑且多呈凸起状，后生的沥青铀矿则多以球粒表面的小突起为核心重新生长(图4-18c~f)。因此，这种沥青铀矿单球体不能无限生长成大球体，而是形成粒径大致相当的球体再叠层生长。球粒状的沥青铀矿具有明显的后生成因特征，多为层间氧化作用形成。

4. 薄膜外衣结构

在较小的空间(如较浅的孔洞内或矿物晶体的解理缝)内，由于空间限制，新生的沥青铀矿仅可在狭

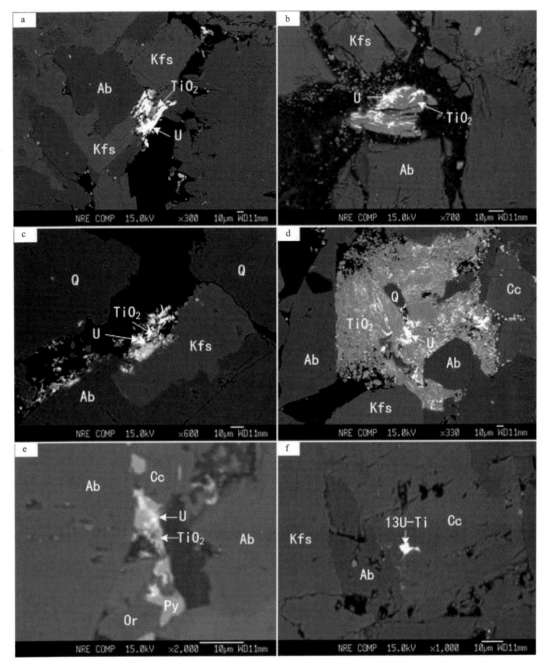

a. 含钛铀矿物以颗粒形式与碱性长石(Kfs)、钠长石(Ab)共生,边缘黑色部分为砂岩孔隙,含钛铀矿物与含钛金属矿物或氧化钛(TiO_2)交替生长,ZKH48-32,505.10m;b. 含钛铀矿物产于黏土矿物中,含钛铀矿物与含钛金属矿物或氧化钛(TiO_2)交替生长,ZKH72-48,557.38m;c. 含钛铀矿物产出于砂岩空隙中,与含钛金属矿物或氧化钛(TiO_2)交替生长,ZKH48-32,505.10m;d. 含钛金属矿物或氧化钛(TiO_2)和含钛铀矿物与碱性长石、钠长石、方解石共生,其中含钛金属矿物或氧化钛(TiO_2)中空洞内包含石英和含钛铀矿物,并围绕方解石边缘生长,ZKH48-32,505.10m;e. 钾长石(Or)、钠长石和方解石(Cc)颗粒边缘见黄铁矿、氧化钛或含钛金属矿物和含钛铀矿物,并交替生长,ZKH40-16,516.9m;f. 含钛铀矿物产于方解石矿物溶蚀湾内,ZKH72-48,557.38m

图 4-16 塔木素铀矿床含钛铀矿物电子探针背散射图像

小的空间以二维的方式平面延伸,或依附生长核呈均匀、紧密分布,新生长的沥青铀矿会贴覆在矿物晶体或胶结物的壁上,形成一层薄的、较均匀的膜(图 4-19a)。产在斜长石解理缝内的薄膜外衣结构的沥青铀矿可能为原生成因,而产在溶洞内的、多与球粒状沥青铀矿共生的薄膜外衣状沥青铀矿为次生成因。

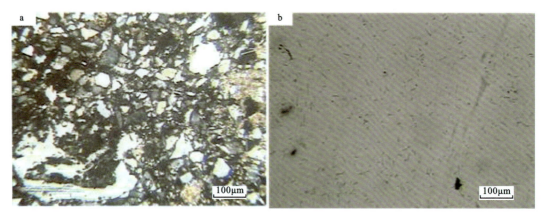

a. 杂色不等粒长石砂岩,(+)×2.5,照片左下角为被杂基溶蚀交代的斜长石,左上角为褐铁矿(8%),右边为结核状方解石(5%),杂基为水云母(5%),ZKH32-0,样品号 M_{05}-02;b. a样品放射性照相铀主要以吸附形式存在,吸附剂为黏土化长石、褐铁矿及杂基中黏土矿物(放射性照相时间为30d)

图 4-17 塔木素铀矿床铀的存在形式——吸附态铀

5. 花状结构

在斜长石表面的浅坑内,可见呈"花朵"状生长的沥青铀矿,以浅坑的内壁为生长依附点向外生长,若坑外仍有自由生长空间,则沥青铀矿可进一步向外生长,形成花状(图 4-19b),多个花状的沥青铀矿联合后,可形成片状。花朵状的沥青铀矿主要产在斜长石的表面,推测其原生成因、次生成因均有。

6. 瓜瓤状结构

在直径不太大的孔洞内,沥青铀矿可呈丝状、线状由洞壁一侧延伸到另一侧,形成的线具有一定的定向性,且各条线在空间上相互交织,形成类似丝瓜瓤状的结构(图 4-19c、d)。这种结构的沥青铀矿较少见,根据其形态及产出位置,推测其成因以次生为主。

7. 交替环带结构

交替环带结构比较少见,沥青铀矿与其他矿物大致呈等间距交替生长,二者有相同的生长核,因此可形成交替环带结构(图 4-19e)。与沥青铀矿交替生长的矿物主要有锆石、胶状黄铁矿。根据矿物结构,胶状结构的沥青铀矿可能为原生成因。

8. 混合结构

混合结构是一种少见的结构,是沥青铀矿与其他矿物混合在一起,而彼此间又相互独立,混合的矿物均十分细小,不易区分。在观察中容易将混合的矿物看作"化合物",如可见沥青铀矿与钛含量高的矿物混合的现象,无论是沥青铀矿还是含钛矿物均十分细小,用常规方法很难区分,在电子探针下,因铀与钛在原子量上的差别巨大,沥青铀矿呈亮白色,而含钛的矿物颜色则呈暗灰色,二者间的界限清晰(图 4-19f)。混合结构的沥青铀矿为原生成因。

五、矿石有益、有害组分

1. 有益组分

伴生元素等有益组分研究程度较低,对部分铀样品进行了 Mo、Se、V、Re 和 Sc 5 个伴生元素光谱半定量分析,从所统计的样品来看,样品中部分 Se、Sc 含量达到综合利用指标,大部分样品含量较低,个别

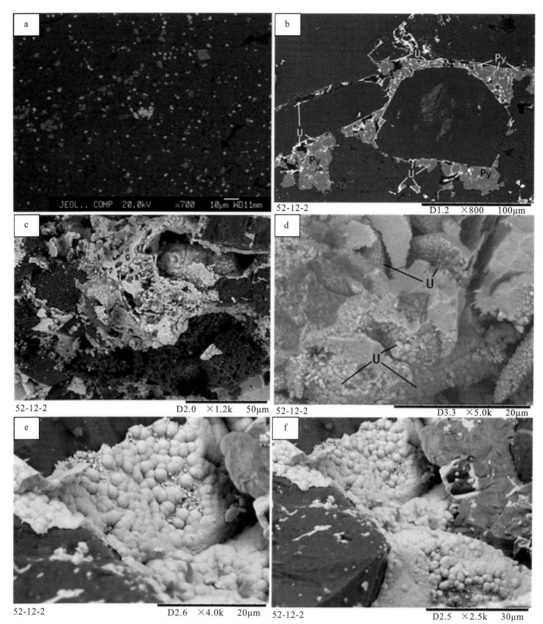

a.微粒浸染状分布的沥青铀矿,微粒浸染状分布的沥青铀矿(亮白色),并见有大量微粒黄铁矿(灰色),样品取自 ZKH32-19 钻孔深 445m 处,电子探针背散射图像;b.粒间孔洞中围绕黄铁矿分布的沥青铀矿,粒间沥青铀矿(U) 围绕黄铁矿(Py)呈环边分布,样品取自 ZKH52-12 钻孔深 524.3m 处,电子探针背散射图像;c.溶洞中球粒状沥青铀矿,溶洞中的沥青铀矿(白色及白色球状),样品取自 ZKH52-12 钻孔深 524.3m 处,扫描电子显微镜图像;d.溶洞中球粒状沥青铀矿,溶洞中的沥青铀矿(全视域内的白色及白色球状),样品取自 ZKH52-12 钻孔深 524.3m 处,扫描电子显微镜图像;e.球状沥青铀矿,溶洞中充填的球粒状沥青铀矿(亮白色球状),样品取自 ZKH52-12 钻孔深 524.4m 处,扫描电子显微镜图像;f.球状沥青铀矿,溶洞中充填的球粒状沥青铀矿(亮白色球状),样品取自 ZKH52-12 钻孔深 524.4m 处,扫描电子显微镜图像

图 4-18 塔木素铀矿床铀矿物结构(一)

Mo 含量也达到综合利用指标。

Se 含量在 $(0.04\sim619.17)\times10^{-6}$ 之间,大多在 10.00×10^{-6} 以下。在分析的 215 个样品中,只有 27 个样品的 Se 达到了综合利用指标(表 4-6),含量 $(10.95\sim619.17)\times10^{-6}$,见于 HZK96-32、HZK80-16、HZK72-16、HZK48-0、HZK40-0、HZK24-0 和 HZK16-0 钻孔中。特别是 HZK96-32 钻孔中的 4 个样品高达 $(379.05\sim619.17)\times10^{-6}$,平均 483.34×10^{-6}。Se 含量大于 100×10^{-6} 的有 9 个样品。

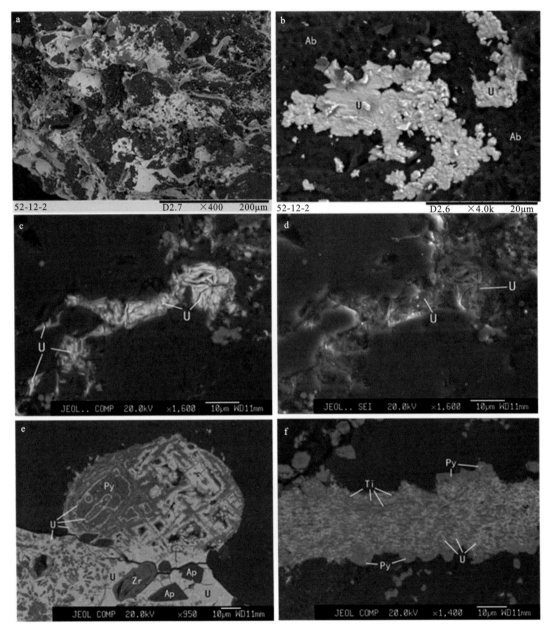

a. 薄膜外衣状沥青铀矿，碎屑物表面溶洞中的薄膜外衣状沥青铀矿（白色），样品取自 ZKH52-12 钻孔深 524.4m 处，扫描电子显微镜图像；b. 花状沥青铀矿，斜长石（Ab）表面具有大量蜂窝状的孔，孔中生长呈花状的沥青铀矿（U），样品取自 ZKH52-12 钻孔深 524.4m 处，扫描电子显微镜图像；c. 瓜瓤状沥青铀矿，裂纹及孔洞中的瓜瓤状沥青铀矿（U），样品取自 ZKH20-7 钻孔深 500m 处，电子探针背散射图像；d. 瓜瓤状沥青铀矿，与 c 同一视域，瓜瓤状沥青铀矿（U）表观特征，电子探针二次电子图像；e. 交替环状沥青铀矿，沥青铀矿（U）与胶状黄铁矿（Py）呈交替环状结构，见锆石（Zr）及磷灰石（Ap），样品取自 ZKH52-12 钻孔深 524.4m 处，电子探针背散射图像；f. 混合状沥青铀矿，沥青铀矿（U，白色）与含钛矿物（Ti，灰色）呈混合状，边缘见黄铁矿（Py），样品取自 ZKH52-12 钻孔深 524.3m 处，电子探针背散射图像

图 4-19 塔木素铀矿床铀矿物结构（二）

Sc 含量 $(0.63\sim 22.68)\times 10^{-6}$，平均 7.48×10^{-6}，218 个 Sc 分析结果显示 127 个样品中 Sc 的含量在 7.00×10^{-6} 以上，达到工业综合利用边界指标。

Mo 含量 $(0.10\sim 105.60)\times 10^{-6}$，大多在 10.00×10^{-6} 以下，平均 9.62×10^{-6}，只有 2 个泥岩样品达到综合利用指标。

表 4-6　塔木素铀矿床伴生元素含量统计一览表

伴生元素	含量变化范围/($\times 10^{-6}$)	平均值/($\times 10^{-6}$)	工业利用品位/($\times 10^{-6}$)	样品数/个
Mo	0.10~105.60	9.62	100	216
Se	0.04~619.17	18.81	10	215
V	0.16~97.44	22.15	448	200
Re	0.10~6.55	0.67	0.2~10	65
Sc	0.63~22.68	7.48	n	218

注：数据来自核工业包头地质矿产分析测试中心。

V 含量最小 0.16×10^{-6}，最大 97.44×10^{-6}，平均 22.15×10^{-6}。Re 大多含量小于 0.10×10^{-6}，最高 6.55×10^{-6}（HZK64-48 钻孔），平均 0.67×10^{-6}。

2. 有害组分

所有矿石（品位≥0.03%）中有机碳含量 0.01%~9.92%，平均 0.96%；$\omega(S_{\text{全}})$ 含量 0.01%~8.38%，平均 1.28%；$\omega(S^{2-})$ 含量 0.01%~2.49%，平均 0.59%；CO_2 含量 0.01%~25.95%，平均 5.21%；$\omega(Fe^{3+})$ 含量 0.04%~3.60%，平均 1.12%；$\omega(Fe^{2+})$ 含量 0.06%~2.47%，平均 0.87%（表 4-7）。

表 4-7　塔木素铀矿床所有矿石（品位≥0.03%）环境指标样统计一览表　　单位：%

参数	有机碳	$\omega(S_{\text{全}})$	$\omega(S^{2-})$	CO_2	$\omega(Fe^{3+})$	$\omega(Fe^{2+})$
个数	259	266	230	247	265	266
最小	0.01	0.01	0.01	0.01	0.04	0.06
最大	9.92	8.38	2.49	25.95	3.60	2.47
平均	0.96	1.28	0.59	5.21	1.12	0.87

注：统计样品剔除了大于均值加 3 倍均方差即标准偏差的样品，数据来自核工业包头地质矿产分析测试中心。

所有矿石（品位≥0.01%）中有机碳含量 0.01%~8.27%，平均 0.84%；$\omega(S_{\text{全}})$ 含量 0.01%~8.38%，平均 1.19%；$\omega(S^{2-})$ 含量 0.01%~2.49%，平均 0.56%；CO_2 含量 0.01%~25.95%，平均 5.25%；$\omega(Fe^{3+})$ 含量 0.04%~3.60%，平均 1.12%；$\omega(Fe^{2+})$ 含量 0.06%~2.75%，平均 0.93%（表 4-8）。

表 4-8　塔木素铀矿床所有矿石（品位≥0.01%）环境指标样统计一览表　　单位：%

参数	有机碳	$\omega(S_{\text{全}})$	$\omega(S^{2-})$	CO_2	$\omega(Fe^{3+})$	$\omega(Fe^{2+})$
个数	312	317	273	300	318	318
最小	0.01	0.01	0.01	0.01	0.04	0.06
最大	8.27	8.38	2.49	25.95	3.60	2.75
平均	0.84	1.19	0.56	5.25	1.12	0.93

注：统计样品剔除了大于均值加 3 倍均方差即标准偏差的样品，数据来自核工业包头地质矿产分析测试中心。

品位≥0.03% 的所有赋矿砂岩（指粗砂岩、中砂岩和细砂岩）中 CO_2 含量 0.01%~11.92%，平均 3.55%。品位≥0.01% 的所有赋矿砂岩（指粗砂岩、中砂岩和细砂岩）中 CO_2 含量 0.01%~11.92%，平均 3.54%（表 4-9）。两者相当，砂岩矿石中 CO_2 含量要低于泥质岩矿石中 CO_2 含量。

表 4-9 塔木素铀矿床砂岩矿石中 CO_2 含量变化一览表

			备注
砂岩矿石（品位≥0.03%）	计数	156	注：数据为粗砂岩、中砂岩和细砂岩统计结果，统计结果剔除了大于均值加3倍均方差即标准偏差的样品。数据来自核工业包头地质矿产分析测试中心。
	最小	0.01	
	最大	11.92	
	平均	3.55	
砂岩矿石（品位≥0.01%）	计数	184	
	最小	0.01	
	最大	11.92	
	平均	3.54	

第五章　矿床地球化学及成矿年代学

第一节　主量地球化学特征

对塔木素铀矿床巴音戈壁组上段不同氧化分带(类型)的 279 个不含矿砂岩(红色氧化带、黄色氧化带、氧化还原过渡带和还原带)和含矿的红色砂岩(少量矿体)及黄色砂岩(少量矿体)和灰色砂岩、泥岩进行了主量元素的分析,可得到表 5-1 和图 5-1 所示的结果。

从图 5-2 中可以看出,不同颜色氧化分带砂岩的地球化学分带略有差异。含矿砂岩的 Al_2O_3、Na_2O 的含量低于不含矿的砂岩;含矿砂岩的 TiO_2、K_2O、CaO 的含量高于不含矿的砂岩;MgO 的含量在含矿砂岩中稍高于不含矿的砂岩;不含矿泥岩的 Al_2O_3 含量高于含矿砂岩,MgO、K_2O、CaO 的含量低于含矿的泥岩。对比不同层间氧化分带(氧化带、氧化还原过渡带和还原带)的砂岩的主量元素的含量及其平均值(表 5-1,图 5-1),发现红色氧化砂岩、黄色氧化砂岩具有低的 FeO 含量,氧化还原过渡带砂岩具有高的 FeO 含量;红色氧化砂岩与黄色氧化砂岩比较,具有高的 CaO、Fe_2O_3 和 MgO 含量。

塔木素矿床中矿体主要发育于氧化还原过渡带的灰色砂岩中,在红色砂岩和黄色砂岩中发育极少量矿体。对比红色砂岩、黄色砂岩和灰色含矿砂岩中各组分含量可知,黄色砂岩中的矿体铀含量最高,然后为红色砂岩和灰色砂岩(表 5-1,图 5-1);红色含矿砂岩相比不含矿的红色砂岩富集 CaO、FeO、P_2O_5,黄色含矿砂岩相比不含矿的黄色砂岩富集 CaO、FeO 和 Fe_2O_3,表明红色砂岩和黄色砂岩中的铀与砂岩中未氧化完全的黄铁矿还原和铁氧化物吸附关系密切。

含矿红色砂岩与不含矿红色砂岩 Fe_2O_3 的含量较一致,但 P_2O_5 的含量远高于其他砂岩类型(图 5-2),同时含矿黄色砂岩、灰色砂岩中 P_2O_5 的含量高于不含矿黄色砂岩和灰色砂岩,表明含矿砂岩中部分 U 可能与 $P_3O_4^-$ 离子结合,呈络合物的形式迁移,同时在含矿砂岩中,可见一些含磷的矿物,如氟磷灰石、胶磷矿和磷灰石等(张成勇等,2021)。

烧失量(LOI)在灰色含矿砂岩中高于黄色含矿砂岩和红色含矿砂岩,且烧失量与 CaO 的含量呈正相关(图 5-2)。同时 U 含量与烧失量、FeO、CaO 均呈正相关,也表明铀主要以 CO_3^{2-}、$P_3O_4^-$ 络合物的形式运移,在遇到黄铁矿、炭化植物碎屑等还原介质的条件下,还原或吸附沉淀形成铀矿化。含矿砂岩中的 Al_2O_3 均低于不含矿砂岩,表明砂岩具有弱风化的特点,这与含矿砂岩中缺少黏土矿物的情况一致(王凤岗等,2020;张成勇等,2021)。

表 5-1 塔木素铀矿床巴音戈壁组上段碎屑岩主量元素特征一览表

单位：%

岩性	SiO₂ 一般	SiO₂ 均值	Al₂O₃ 一般	Al₂O₃ 均值	Fe₂O₃ 一般	Fe₂O₃ 均值	FeO 一般	FeO 均值	CaO 一般	CaO 均值	MgO 一般	MgO 均值	K₂O 一般	K₂O 均值	TiO₂ 一般	TiO₂ 均值	Na₂O 一般	Na₂O 均值	P₂O₅ 一般	P₂O₅ 均值	MnO 一般	MnO 均值
红色氧化带砂岩（非矿）	37.99~69.14	60.19	10.31~14.86	12.58	1.43~4.00	2.41	0.22~0.99	0.53	2.44~17.87	7.19	0.30~6.73	2.54	1.46~3.26	2.38	0.05~0.35	0.18	3.83~6.18	5.03	0.07~0.17	0.10	<0.14	/
黄色氧化带砂岩（非矿）	51.24~72.38	63.01	8.35~15.05	12.75	1.08~2.98	2.11	0.22~1.50	0.73	1.33~10.12	4.89	0.25~5.41	2.06	1.39~3.18	2.40	0.07~1.74	0.40	4.12~6.67	5.47	0.06~0.41	0.13	<0.22	/
灰色泥岩	8.36~52.85	29.25	2.95~14.42	8.65	1.10~5.40	3.04	0.62~2.18	1.46	5.11~48.71	21.86	0.43~10.20	5.02	0.83~3.87	2.23	0.13~0.82	0.41	0.58~5.98	2.54	0.07~7.15	1.55	<0.11	
红色氧化带含矿砂岩	44.42~69.56	58.92	4.95~12.38	9.49	1.13~4.92	2.71	0.32~2.32	1.04	2.84~27.11	11.98	0.33~5.03	1.71	0.62~2.54	1.70	0.02~0.72	0.28	0.80~5.34	3.66	0.01~12.43	2.41	<0.14	
黄色含矿砂岩	31.01~76.69	57.22	1.22~27.55	10.37	0.96~7.17	3.13	0.29~3.19	1.23	2.13~21.52	9.78	0.07~10.40	2.57	1.48~4.40	2.36	0.02~1.14	0.32	1.09~6.80	3.69	0.01~12.89	1.19	<0.16	
灰色含矿泥岩	12.15~67.44	39.01	1.43~17.41	8.50	1.46~6.59	3.67	0.31~2.95	1.336	2.84~41.89	16.40	0.41~11.80	5.12	0.50~5.20	2.59	0.01~1.72	0.36	0.59~5.30	2.29	0.02~20.51	2.41	<0.24	
过渡带灰色砂岩	25.49~73.34	58.52	1.63~14.44	10.19	0.93~6.18	2.89	0.23~3.58	1.21	1.98~31.58	8.71	0.15~6.40	2.48	0.51~4.20	2.15	0.01~1.52	0.33	0.48~7.00	4.00	0.01~7.48	0.93	<0.18	
还原带灰色砂岩	25.99~69.14	52.78	5.92~14.42	11.03	1.49~5.40	2.59	0.47~2.18	1.23	1.93~20.30	8.99	0.26~10.20	3.50	1.61~3.87	2.25	0.08~0.82	0.30	1.30~6.38	4.55	0.01~7.15	0.66	<0.11	

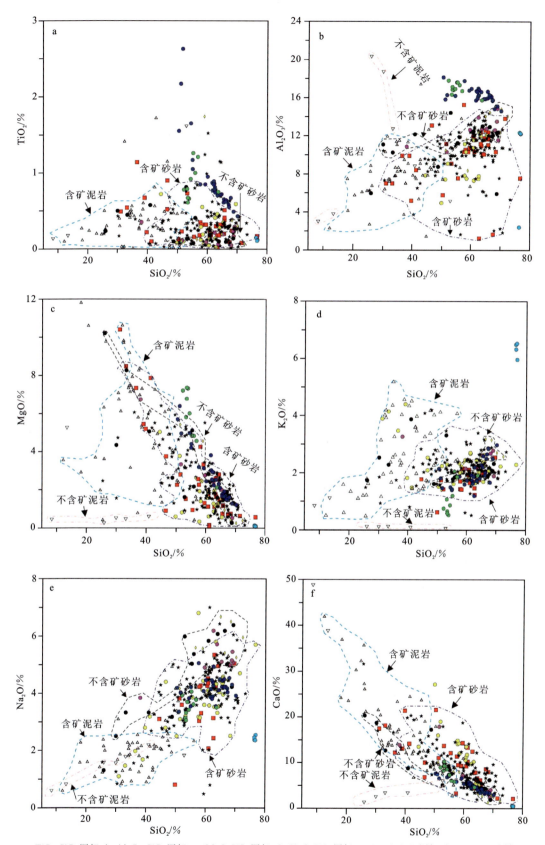

a. TiO_2-SiO_2图解;b. Al_2O_3-SiO_2图解;c. MgO-SiO_2图解;d. K_2O-SiO_2图解;e. Na_2O-SiO_2图解;f. CaO-SiO_2图解

图 5-1 塔木素铀矿床下白垩统巴音戈壁组上段碎屑岩主量元素哈克图解

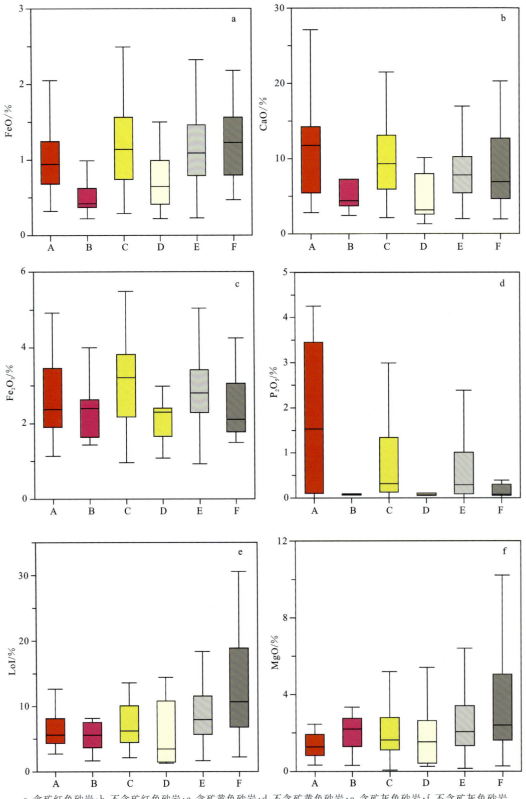

a. 含矿红色砂岩；b. 不含矿红色砂岩；c. 含矿黄色砂岩；d. 不含矿黄色砂岩；e. 含矿灰色砂岩；f. 不含矿灰色砂岩

图 5-2　塔木素铀矿床不同氧化带含矿砂岩与不含矿砂岩的主量元素箱状图

第二节 稀土元素微量元素地球化学特征

一、稀土元素地球化学特征

稀土元素具有相似的物理化学性质,在地质作用过程中作为一个整体迁移,因此可以用来进行物源和地球化学等研究(朱西养等,2005;王金平,2006;Bohari et al.,2018)。稀土元素近些年来也用于砂岩型铀矿氧化带的研究(乔海明等,2011;Zhang et al.,2019)。本次主要从巴音戈壁组上段红色砂岩、黄色砂岩、灰色含矿砂岩、不含矿砂岩和泥岩中选取25件砂岩样品进行稀土元素研究。通过北美页岩(NASC)标准化计算(表5-2),大致了解了稀土元素含量在不同的层间氧化带分带中表现为不同的地球化学特征。稀土元素经北美页岩标准化后,表现为弱的右倾型(图5-3),轻稀土元素富集。氧化还原过渡带(矿石带)中重稀土元素(HREE)较红色和黄色氧化带具有明显富集的特点,氧化带砂岩表现为明显的正δEu异常,在氧化还原过渡带中表现为弱的正异常。红色氧化带砂岩中的ΣREE、HREE含量稍高于黄色氧化带砂岩和还原带灰色砂岩,但明显低于氧化还原过渡带(矿石带)砂岩和泥岩;红色氧化带砂岩的LREE含量稍高于黄色氧化带砂岩,低于氧化还原过渡带砂岩(矿石带)、还原带灰色砂岩和灰色泥岩。黄色氧化带砂岩与红色氧化带砂岩具有相似的地球化学特征。以上表明,轻稀土元素(LREE)在氧化过程中发生明显的亏损,重稀土微弱富集;氧化还原过渡带砂岩(矿石带)具有高的ΣREE、LREE、HREE含量和低的LREE/HREE特征,但轻稀土含量低于还原带砂岩,表明重稀土元素(HREE)在氧化还原过渡带砂岩(矿石带)中明显富集,轻稀土元素在发生氧化还原反应过程中稍有亏损。还原带砂岩的稀土元素总量最低(低于氧化带砂岩),同时富集轻稀土元素,亏损重稀土元素,表明含氧含铀水向盆地内运移过程中,从蚀源区带来了少部分的重稀土元素,使得氧化带中的重稀土元素含量稍高于还原带。同时,重稀土元素经氧化还原作用在目的层砂体中迁移,在氧化还原过渡带中强烈富集。

对红色氧化砂岩、黄色氧化砂岩和灰色含矿砂岩、灰色不含矿砂岩和泥岩的稀土元素总量(ΣREE)、轻稀土元素(LREE)和重稀土元素(HREE)与铀元素的相关性研究表明,红色氧化砂岩、黄色氧化砂岩、灰色不含矿砂岩(1个样品除外)和灰色泥岩稀土元素与铀元素的含量呈正相关;灰色含矿砂岩的稀土元素同样与铀元素呈正相关,但随着稀土元素含量的增高,在灰色含矿砂岩中铀元素明显富集。

二、微量元素地球化学特征

从图5-4可以看出,巴音戈壁组上段不同氧化砂岩的微量元素具有以下特征:富集大离子亲石元素Zr、Hf、U、La,亏损高场强元素Th、Nb、P和Ti。微量元素的分布类型与宗乃山-沙拉扎山隆起的花岗闪长岩、花岗岩的微量元素分布类型相似,表明其物质可能来源于宗乃山-沙拉扎山隆起(史兴俊等,2015)。

通过对红色氧化带、黄色氧化带、氧化还原过渡带(矿石带)、灰色砂岩和泥岩的微量元素分析可知,U与Sc、V、Cr、Co、Ni、Cu、Pb、Zn、Se、Y、Th、Re、Mo具有较好的正相关性。在红色氧化砂岩、黄色氧化砂岩、灰色不含矿砂岩和含矿的砂岩中,随着U含量的增高,Co、Ni、Cu、Pb、Zn、Re、Mo的含量也增高,表明各元素与在铀成矿的作用过程中具有相似的地球化学习性(图5-4、图5-5)。Sc、V、Cr、Co、Ni元素为

表 5-2　塔木素铀矿床巴音戈壁组上段碎屑岩稀土元素与微量元素特征一览表

岩性	Li/($\times 10^{-6}$)	Be/($\times 10^{-6}$)	Sc/($\times 10^{-6}$)	V/($\times 10^{-6}$)	Cr/($\times 10^{-6}$)	Co/($\times 10^{-6}$)	Ni/($\times 10^{-6}$)	Cu/($\times 10^{-6}$)	Zn/($\times 10^{-6}$)	Ga/($\times 10^{-6}$)	Rb/($\times 10^{-6}$)	Sr/($\times 10^{-6}$)	Y/($\times 10^{-6}$)	Zr/($\times 10^{-6}$)	Nb/($\times 10^{-6}$)	Sn/($\times 10^{-6}$)	Cs/($\times 10^{-6}$)	Ba/($\times 10^{-6}$)	La/($\times 10^{-6}$)	Ce/($\times 10^{-6}$)	Pr/($\times 10^{-6}$)	Nd/($\times 10^{-6}$)
红色氧化带砂岩（非矿）	14.75	1.85	3.51	23.43	8.91	3.98	6.64	5.24	25.45	16.60	69.78	363.33	6.87	106.41	2.41	1.09	1.30	537.35	20.11	34.16	3.84	13.74
黄色氧化带砂岩（非矿）	15.62	1.61	2.52	17.16	4.52	3.43	4.87	4.76	25.62	17.01	69.66	343.24	5.72	118.23	4.22	1.16	1.34	462.38	13.81	24.92	2.93	10.44
灰色泥岩（非矿）	204.05	1.74	10.53	89.16	39.48	11.90	23.63	27.02	59.26	14.52	125.16	725.20	17.55	66.87	7.60	2.00	40.57	249.67	27.34	54.71	6.18	22.81
红色氧化带含矿砂岩	6.85	1.17	7.85	43.78	12.13	8.08	12.23	8.86	45.35	10.15	67.91	650.74	13.36	68.61	3.48	1.38	0.88	178.80	25.82	47.79	4.94	18.25
黄色含矿砂岩	11.25	1.69	9.02	36.08	5.82	4.99	12.48	9.05	45.01	11.45	55.06	1120.07	11.48	94.71	1.97	0.66	1.03	405.14	12.25	24.83	2.66	9.43
灰色含矿泥岩	148.98	2.11	9.47	130.84	44.29	15.04	31.68	40.71	56.04	20.11	140.18	420.59	18.04	88.16	9.07	3.89	81.64	331.34	39.79	73.47	7.57	27.99
过渡带灰色砂岩	16.70	1.27	4.77	33.86	7.70	5.92	12.44	5.34	29.00	14.21	67.60	456.59	7.22	110.80	3.08	0.99	1.21	612.41	14.58	27.78	2.99	10.38
还原带灰色砂岩	21.81	1.36	4.64	36.04	10.75	3.42	6.38	4.43	21.52	16.24	72.03	431.07	8.68	71.69	2.45	1.08	1.19	508.72	17.33	34.65	3.83	13.87

续表 5-2

岩性	Sm/($\times 10^{-6}$)	Eu/($\times 10^{-6}$)	Gd/($\times 10^{-6}$)	Tb/($\times 10^{-6}$)	Dy/($\times 10^{-6}$)	Ho/($\times 10^{-6}$)	Er/($\times 10^{-6}$)	Tm/($\times 10^{-6}$)	Yb/($\times 10^{-6}$)	Lu/($\times 10^{-6}$)	Hf/($\times 10^{-6}$)	Ta/($\times 10^{-6}$)	Tl/($\times 10^{-6}$)	Pb/($\times 10^{-6}$)	Th/($\times 10^{-6}$)	U/($\times 10^{-6}$)	ΣREE	LREE	HREE	LREE/HREE	La_N/Yb_N	δEu
红色氧化带砂岩(非矿)	2.31	0.53	1.78	0.24	1.26	0.25	0.64	0.10	0.65	0.09	2.69	0.32	2.38	16.62	1.53	5.16	79.70	74.69	5.01	15.83	2.57	1.34
黄色氧化带砂岩(非矿)	1.82	0.45	1.41	0.19	1.07	0.21	0.57	0.09	0.59	0.09	2.99	0.45	1.78	14.53	1.70	4.45	28.60	54.38	4.22	13.71	1.75	1.65
灰色泥岩(非矿)	4.49	0.89	3.62	0.54	3.26	0.62	1.75	0.25	1.63	0.25	1.95	0.57	3.99	15.32	10.42	9.08	128.35	116.42	11.93	9.76	1.23	1.04
红色氧化带含矿砂岩	3.57	0.70	2.98	0.41	2.30	0.46	1.35	0.21	1.47	0.23	1.70	0.32	1.09	15.49	13.70	287.22	110.49	101.07	9.42	10.13	1.27	1.13
黄色含矿砂岩	1.69	0.43	1.30	0.18	1.10	0.35	2.14	0.56	5.50	1.09	2.24	0.26	0.66	19.78	13.67	711.51	63.50	51.28	12.21	7.30	0.52	1.35
灰色含矿泥岩	4.79	0.94	4.05	0.60	3.21	0.63	1.80	0.27	1.65	0.25	2.43	0.73	4.25	22.21	17.84	28.80	167.00	154.55	12.45	12.42	1.77	1.01
过渡带灰色砂岩	1.83	0.50	1.60	0.23	1.33	0.26	0.69	0.10	0.69	0.11	2.79	0.42	3.05	18.71	1.52	254.87	63.06	58.06	5.00	13.50	1.77	1.44
还原带灰色砂岩	2.56	0.55	1.91	0.28	1.60	0.32	0.86	0.12	0.80	0.12	1.87	0.36	1.79	13.17	2.98	4.89	78.79	72.80	5.99	12.61	1.60	1.28

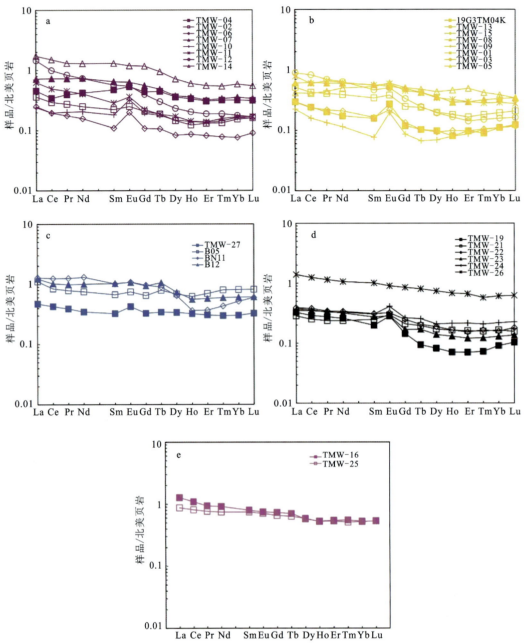

a.红色砂岩稀土元素配分图解；b.黄色砂岩稀土元素配分图解；c.灰色含矿砂岩稀土元素配分图解；
d.灰色不含矿砂岩稀土元素配分图解；e.灰色泥岩

图 5-3 塔木素铀矿床巴音戈壁组上段稀土元素图解

氧化还原环境中比较敏感的元素，随着含铀含氧水一起迁移和沉淀。Cu、Pb、Zn、Rb、Sn、Re、Mo 为亲硫元素，主要以硫化物的形式存在，在矿床中形成闪锌矿、方铅矿、含硒的硫化物等，与黄铁矿共（伴）生。Zhang 等（2019）对塔木素矿床 U、Mo 和 U、Re 的相关性研究表明，U 与 Mo、Re 具有较好的相关性（图 5-5），这说明在 U 成矿过程中与 Mo、Re 具有相似的地球化学特征。对 U 与 Co、Ni、V、Cu、Pb、Zn 的相关性研究表明，U 与 Co、Ni、Pb 的相关性最为明显，随着 U 含量的增高，Co、Ni、Pb 的含量增高（图 5-6）。

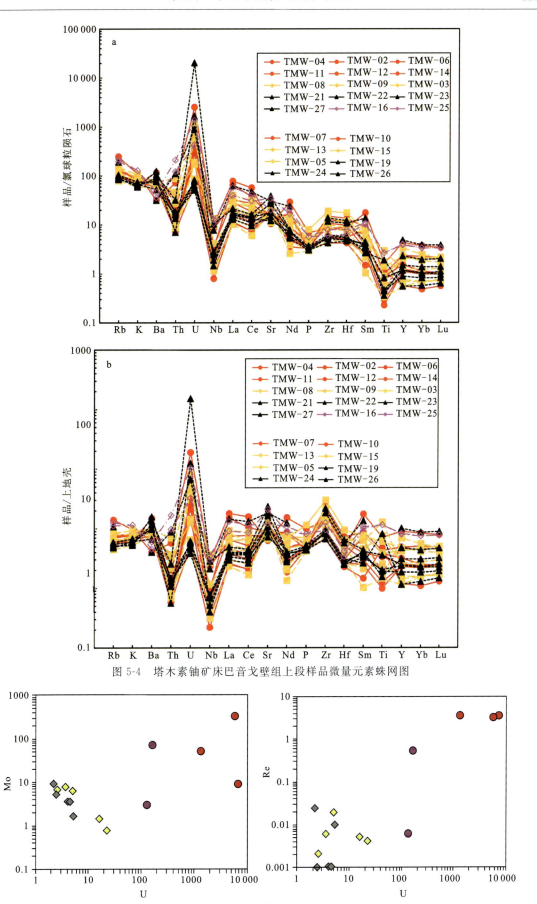

图 5-4 塔木素铀矿床巴音戈壁组上段样品微量元素蛛网图

图 5-5 塔木素矿床巴音戈壁组上段微量元素 Mo、Re 与 U 的相关性(Zhang et al.，2019)

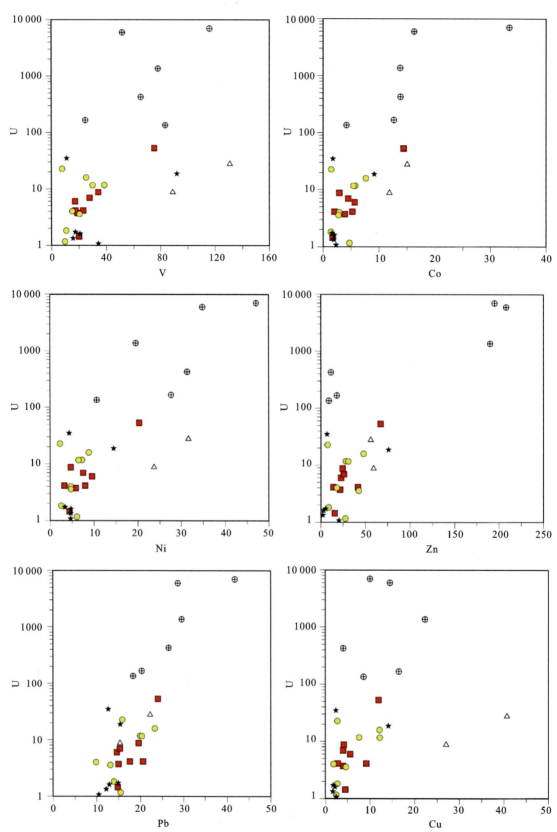

红色方框为红色氧化砂岩,黄色圈为黄色氧化砂岩,五角星为灰色砂岩,十字圈为灰色含矿砂岩,三角为灰色泥岩

图 5-6　塔木素矿床巴音戈壁组上段微量元素 V、Co、Ni、Pb、Zn、Cu 与 U 的关系

第三节　同位素地球化学特征

通过对塔木素铀矿床的断层带及围岩，巴音戈壁组上段含矿砂岩、红色氧化砂岩、灰色砂岩、泥灰岩等进行C、O同位素数据的整理分析和对周缘盆地内的典型矿床进行对比研究（表5-5，图5-7），塔木素矿床断层带及围岩的C、O同位素样品落入花岗岩区和海相有机质及其过渡的部位，呈线性展布。断层带岩石局部受到地表水的淋滤，C同位素值逐渐变小，为$-7.9‰ \sim 3.7‰$；O同位素值变化较大，为$9.0‰ \sim 28.6‰$。断层和围岩样品可分为2组：一组6个样品（断层泥和砂岩），分布于地幔到低温蚀变区；另一组2个样品，分布于海相有机质分布区。地幔到低温蚀变区样品的O同位素值增大，C同位素值减小，表明在低温蚀变过程中，建造水的混合使得O同位素值增大，地层中有机碳的加入使得C同位素值降低。海相有机质分布区的泥岩C、O同位素值（B25、B63）与断层围岩（灰黑色泥岩，TSM09-2）、断层泥（TSM09-1）的2个样品同位素分布特征相似。断层围岩中灰黑色泥岩（TMS09-2）与盆地泥岩C同位素特征相似（B62），断层泥（TSM09-1）的C同位素值稍低，表明断层泥遭受了地表水的淋滤作用。断层围岩中灰黑色泥岩（TMS09-2）O同位素稍高于地层中泥岩（B63），表明断层围岩在一定程度上遭受了水的改造（图5-7a）。断层带及围岩C、O同位素值表明壳幔源流体与古生代海相有机质流体和少量沉积地层中的流体顺断层向盆地内迁移。

氧化带红色、黄色砂岩中的胶结物C、O同位素值均落入花岗岩和海相有机质端元间及海相碳酸盐内，C同位素值为$-4.5‰ \sim 0.5‰$，O同位素值为$15.71‰ \sim 27.25‰$。流体主要来源于古生代海相有机质的溶解，局部来源于壳幔深部，海相有机质溶解和沉积地层本身。灰色砂岩碳酸盐胶结物和方解石脉C、O同位素值均落入海相有机质和花岗岩间靠近海相碳酸盐一侧，C同位素值为$-6.8‰ \sim 1.8‰$，氧同位素为$13.23‰ \sim 22.92‰$。流体主要来源于古生代海相有机质的溶解，局部来源于目的层中的有机质。泥岩C、O同位素值落入海相有机质及附近，主要来源于海相有机质的溶解作用（图5-7）。

鄂尔多斯盆地典型矿床的氧化带红色砂岩与黄色砂岩的C、O同位素落入海相有机质和花岗岩端元间，靠近海相有机质一侧，C同位素值为$-8.66‰ \sim -2‰$，O同位素值为$16.74‰ \sim 19.52‰$，流体主要来源为古生代、三叠纪海相碳酸盐的溶解及深部油气。绿色、绿灰色砂岩的C、O同位素落入花岗岩、海相有机质碳酸盐、油气和沉积有机质端元间靠近海相有机质碳酸盐和沉积有机质，C同位素值为$-19.6‰ \sim -1.11‰$，O同位素值为$18.06‰ \sim 20.37‰$，流体主要为沉积有机质的脱羧基作用，少量来源于海相有机质的溶解。灰色砂岩C、O同位素值分布较广，落入花岗岩、海相有机质和沉积有机质端元间，C同位素值为$-15.53‰ \sim -2.7‰$，流体来源于海相有机质的溶解、沉积有机质的脱羧基作用及壳幔深部碳酸盐。成矿期砂岩中的方解石胶结物C、O同位素值落入花岗岩区、花岗岩与海相有机质和沉积有机质端元间，表明成矿流体来源于壳幔深部、深部海相有机质的溶解、沉积有机质的脱羧基和氧化作用。

成矿后期形成的硅化木C、O同位素与红色、黄色砂岩中的碳酸盐胶结物C、O同位素相似，落入靠近海相有机质一侧。后期海相有机质溶解流体、古生代油气对原有氧化带进行了改造，C同位素值降低，形成绿色砂岩，同时起到保矿作用。成矿后期砂岩中的碳酸盐胶结物落入花岗岩区和沉积有机质区之间，与绿色、灰色砂岩具有相似性，成矿后期流体部分来源于盆地有机质的脱羧基作用。

松辽盆地典型铀矿床灰黄色砂岩的C、O同位素值落入花岗岩区和海相有机质端元附近，C同位素值为$-11.2‰ \sim -3‰$，O同位素值为$12.41‰ \sim 20.14‰$，流体主要来源于壳幔深源及海相有机质的溶解。含矿砂岩C、O同位素值落入花岗岩区和海相有机质端元间，其中2个样品落入靠近花岗岩区一侧，表明成矿流体主要来源于深部油气（海相有机质的溶解）和壳幔深部。

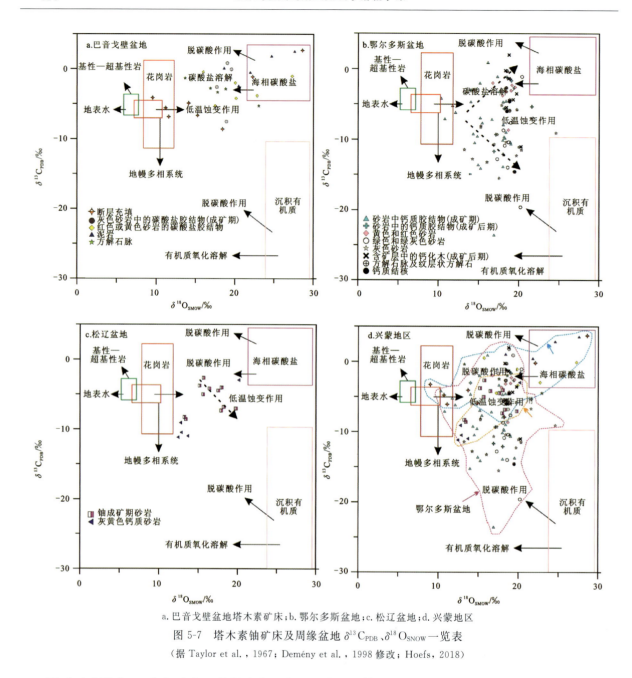

a.巴音戈壁盆地塔木素矿床;b.鄂尔多斯盆地;c.松辽盆地;d.兴蒙地区

图 5-7 塔木素铀矿床及周缘盆地 $\delta^{13}C_{PDB}$、$\delta^{18}O_{SNOW}$ 一览表

(据 Taylor et al.,1967;Demény et al.,1998 修改;Hoefs,2018)

通过对比研究,巴音戈壁盆地等断陷盆地内的铀成矿流体具有深部来源的特点,断陷盆地内成矿期的热促使深部流体向盆地内运移。以鄂尔多斯盆地为代表的克拉通盆地的成矿流体来源更为复杂,盆地深部流体及盆地内的油气、煤层气等为铀成矿提供了还原介质。

第四节 铀成矿年代学

一、成岩演化序列

塔木素铀矿床巴音戈壁组上段主要的蚀变有赤铁矿化、褐铁矿化、白云石化、方解石化、石膏化、黄铁矿化、绿泥石化、萤石化等。赤铁矿化、褐铁矿化主要发育于层间氧化带内,在氧化带和氧化还原过渡带发育,主要表现为砂岩氧化呈黄色、褐红色,发育于成矿作用的整个阶段(图 5-8);砂岩孔隙中的泥晶方解石(部分呈亮晶)、孔隙中草莓状黄铁矿主要发育于沉积期。

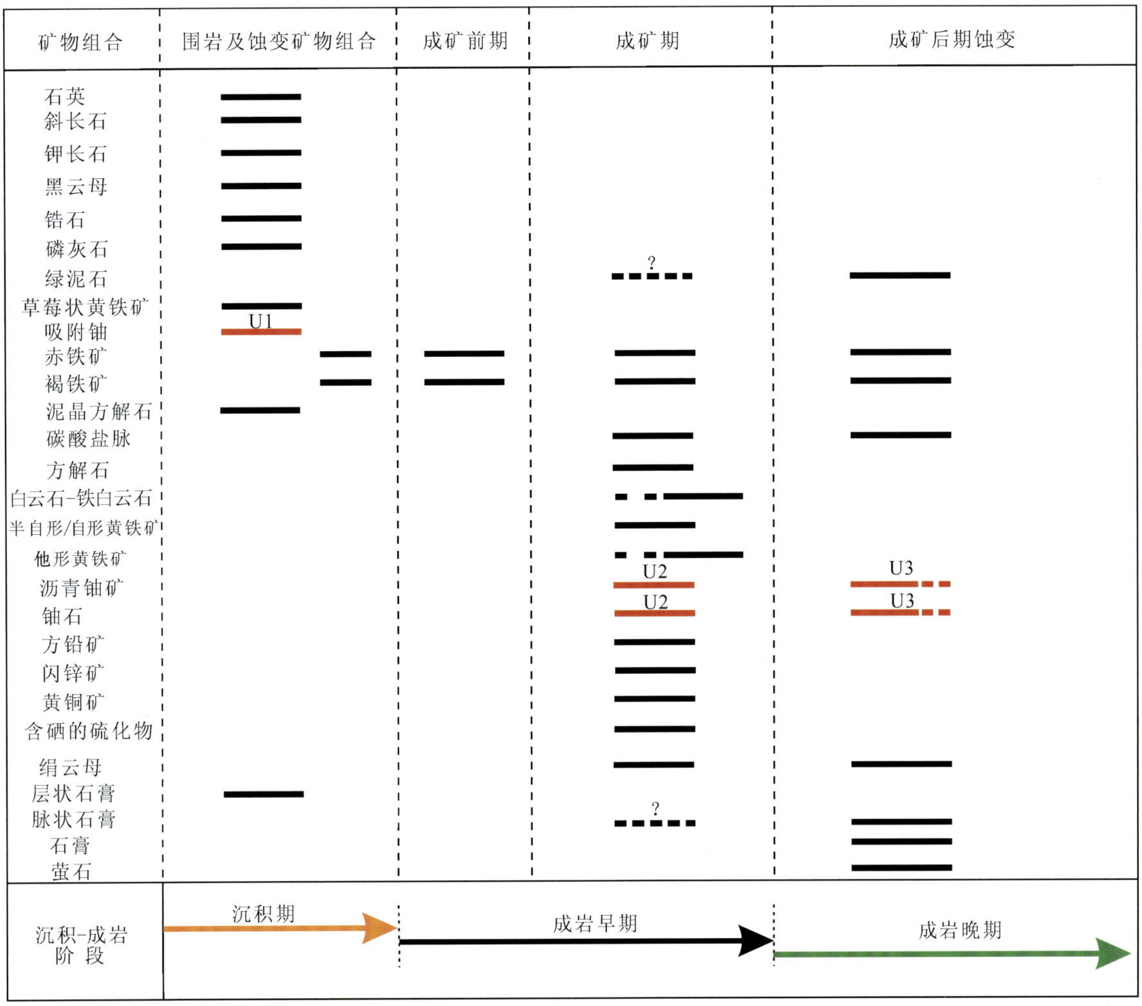

矿物组合	围岩及蚀变矿物组合	成矿前期	成矿期	成矿后期蚀变
石英				
斜长石				
钾长石				
黑云母				
锆石				
磷灰石				
绿泥石			?	
草莓状黄铁矿	U1			
吸附铀				
赤铁矿				
褐铁矿				
泥晶方解石				
碳酸盐脉				
方解石				
白云石-铁白云石				
半自形/自形黄铁矿				
他形黄铁矿			U2	U3
沥青铀矿			U2	U3
铀石				
方铅矿				
闪锌矿				
黄铜矿				
含硒的硫化物				
绢云母				
层状石膏				
脉状石膏			?	
石膏				
萤石				
沉积-成岩阶段	沉积期	成岩早期		成岩晚期

图 5-8 塔木素矿床铀成矿阶段成岩演化序列

成矿期主要的铀矿物为沥青铀矿、铀石和含钛铀矿物,共生的主要矿物为黄铁矿、方铅矿、闪锌矿、含硒的硫化物、白云石(铁白云石)和方解石等(图 5-8)。砂岩孔隙中发育大量的白云石、铁白云石(白云石中铁析出)和少量的方解石与铀矿化关系密切(铀发育于白云石的边部、颗粒间)。白云石、方解石与铀矿物几乎同时发育于成矿期;矿床内的铀矿物主要以独立矿物的形式存在,见少量吸附态铀;矿床内的黄铁矿主要为细粒浸染状、立方体状、半自形—自形集合体和脉状等,与铀矿化的关系密切。铀矿化主要围绕黄铁矿的边缘、裂隙内和颗粒间发育,与铀矿物同时或近于同时形成。

成矿后期的蚀变矿物主要有萤石、石膏和铁氧化物,萤石主要发育于砂岩的胶结物中,可能与蚀源区花岗岩中含氟矿物与砂岩中的钙质发生反应,在砂岩孔隙中沉淀,与成矿作用关系不明显;石膏的形态有 3 种,即顺层产出的石膏(沉积成因)、穿切层理呈脉状产出的石膏和较均匀地分布在砂岩胶结物中的石膏。石膏发育于成矿晚期,主要发育于岩石裂隙、层间软弱面和碎屑物间隙。石膏主要围绕孔隙边缘发育,包裹白云石、方解石等矿物,特别是在石膏很发育的地段,碎屑物粒间几乎全部为石膏,同时见石膏交代石英、斜长石及碳酸盐等(王凤岗等,2020a)。

二、铀成矿年龄

聂逢君等(2019)对矿床铀矿石进行 U-Pb 测年,获得 3 件样品的表观年龄,10-BT-A02 样品 ^{206}Pb-^{238}U 的表观年龄为 (113.3 ± 1.6) Ma,^{207}Pb-^{235}U 的表观年龄为 (115.5 ± 1.5) Ma;样品 10-BT-A06 的 ^{206}Pb-^{238}U 的表观年龄为 (109.7 ± 1.5) Ma,^{207}Pb-^{235}U 的表观年龄为 (112.9 ± 1.5) Ma,它们均属于早白垩世;10-BT-A03 样品 ^{206}Pb-^{238}U 的表观年龄为 (10.5 ± 0.1) Ma,^{207}Pb-^{235}U 的表观年龄为 (12.3 ± 0.2) Ma,成矿年龄为中新世(表 5-3)。侯树仁等(2015)通过对塔木素矿床矿石中的沥青铀矿进行 U-Pb 年龄测试,H52-12-2 样品 U ^{206}Pb-^{238}U 的表观年龄为 (69.9 ± 1.0) Ma,^{207}Pb-^{235}U 的表观年龄为 (70.9 ± 1.0) Ma,成矿年龄属于晚白垩世;H52-12-3 样品 ^{206}Pb-^{238}U 的表观年龄为 (45.4 ± 0.6) Ma,^{207}Pb-^{235}U 的表观年龄为 (47.3 ± 0.7) Ma,成矿年龄属于始新世;H32-3 样品 ^{206}Pb-^{238}U 的表观年龄为 (2.5 ± 0.0) Ma,^{207}Pb-^{235}U 的表观年龄为 (3.3 ± 0.0) Ma,成矿年龄为新近纪(表 5-4)。夏毓亮(2019)对矿床的 11 件铀矿石样品进行 U-Pb 同位素测年,其中 6 件样品获得 U-Pb 的等时线年龄为 (115 ± 14) Ma,数据点的相关系数为 $R=0.992$。5 件样品获得的 U-Pb 等时线年龄为 (125 ± 5) Ma,数据点的相关系数为 0.9997。

表 5-3　U-Pb 年龄测试结果(据聂逢君等,2019)

序号	样品编号	钻孔号	取样深度/m	岩性描述	表观年龄/Ma ^{206}Pb-^{238}U	表观年龄/Ma ^{207}Pb-^{235}U
1	10-BT-A02	ZKH48-32	534.0	灰色细砂岩,矿石	113.3±1.6	115.5±1.5
2	10-BT-A03	ZKH56-48	499.1	灰黑色钙质细砂岩,矿石	10.5±0.1	12.3±0.2
3	10-BT-A06	ZKH80-32	598.1	灰色细砂岩,矿石	109.7±1.5	112.9±1.5

表 5-4　U-Pb 年龄测试结果(据侯树仁等,2015)

序号	样品编号	样品名称	表观年龄/Ma ^{206}Pb-^{238}U	表观年龄/Ma ^{207}Pb-^{235}U
1	H52-12-2	沥青铀矿	69.9±1.0	70.9±1.0
2	H52-12-3	沥青铀矿	45.4±0.6	47.3±0.7
3	H32-3	沥青铀矿	2.5±0.0	3.3±0.0

从矿床获得的年龄看,矿床的铀成矿作用表现为 4 期:第一期为早白垩世中期 (125 ± 5) Ma;第二期为早白垩世中晚期 $(115.5\pm1.5)\sim(109.7\pm1.5)$ Ma;第三期为晚白垩世晚期—古近纪 $(70.9\pm1.0)\sim(45.4\pm0.6)$ Ma;第四期为新近纪 $(12.3\pm0.2)\sim(2.5\pm0.0)$ Ma。

从区域对比来看,巴音戈壁盆地及相邻地区不同盆地 U-Pb 矿化年龄具有相似的特征。兴蒙地区盆地内矿化年龄可分为 4 期,为 186~177 Ma、125~113 Ma、109.7~80 Ma、69.9~2.2 Ma,大部分矿床形成于晚白垩世到新近纪,矿化年龄为 69.9~2.2 Ma,矿化年龄的顶峰期为 20~2.2 Ma 和 69.9~51.2 Ma(表 5-5)。二连盆地矿化年龄为 3 期,为 13~6 Ma、44~37 Ma 和 68~51.2 Ma;鄂尔多斯盆地矿化年龄为 4 期,为 80~2.2 Ma、107~91 Ma、125~120 Ma 和 186~177 Ma;松辽盆地矿化年龄为 3 期,为 16~3 Ma、67~32 Ma 和 96 Ma。

表 5-5 巴音戈壁盆地矿床与周边盆地铀成矿年龄一览表

盆地	矿床/地区	成矿年龄/Ma	方法	数据来源
巴音戈壁盆地	沙枣泉	113,21.4	全岩 U-Pb 等时线年龄	苟学明等,2014
	塔木素	113±1.6,109.7±1.5,69.9±1,45.4±0.6,10.5±0.1,2.5	全岩 U-Pb 等时线年龄	侯树仁等,2015;聂逢君等,2019
鄂尔多斯盆地	大营	68.6,30.0,16.9,7.07,1.2	沥青铀矿 U-Pb 等时线年龄	宋子升,2013
		91,37,17.5	沥青铀矿 U-Pb 等时线年龄	
	纳岭沟	30.0,25.1,16.7,7.07	沥青铀矿 U-Pb 等时线年龄	寸小妮,2016
	磁窑堡	59.6,52.0,21.9	铀石 U-Pb 等时线年龄	陈祖伊等,2004
		6.8,6.2	全岩 U-Pb 等时线年龄	陈祖伊等,2004
	皂火壕	65~60,25.0	全岩 U-Pb 等时线年龄	Zhang et al.,2017
		22~9.8	铀石 U-Pb 等时线年龄	Cai et al.,2007
		107±16	全岩 U-Pb 等时线年龄	夏毓亮等,2003
		125.2,98,52.6±2.2,41.8±9.3	沥青铀矿 U-Pb 等时线年龄	彭小华等,2018
		186,177,120,80.0,20.0,8.0	全岩 U-Pb 等时线年龄	夏毓亮,2015
	宁东	10.7,9.6,9.0,8.5,6.6,6.6,5.1,4.7,4.2,3.9	铀石 U-Pb 等时线年龄	王飞飞等,2018
二连盆地	巴彦塔拉	7	全岩 U-Pb 等时线年龄	夏毓亮等,2003
	努合廷	85.0,41.0,13.0,10.0,6.0	全岩 U-Pb 等时线年龄	陈祖伊等,2004
	巴彦乌拉	(68±1.6)~(63.4±5.5),51.2±4.3,(44±5)~(37.1±1.9)	全岩 U-Pb 等时线年龄	韩效忠等,2018
松辽盆地	钱家店	41.0,37.0,32.0,16.0,11.0,10.0,8.0,6.0~3.0	铀石 U-Pb 等时线年龄	Zhao et al.,2018
	宝龙山	96,67,53.0,52,40,7.0	全岩 U-Pb 等时线年龄	张明瑜等,2005

第六章　关键控矿要素分析

第一节　物源与铀源条件

一、物源

通过大量显微镜下观察发现,塔木素铀矿床巴音戈壁组上段砂岩碎屑物中石英多为单晶型,镜下大多具波状消光特征,部分样品可见石英被溶蚀交代的现象。长石以斜长石为主,条纹长石次之,还有少量的正长石和微斜长石。镜下观察长石多被溶蚀、交代,边缘不清,后生蚀变作用较强,主要表现为斜长石绢云母化,钾长石高岭土化。部分样品中可见长石具有次生加大边。碎屑物中岩屑成分以花岗岩岩屑为主,少量火山岩岩屑和变质岩岩屑,与蚀源区广泛分布的二叠纪和三叠纪花岗岩体相吻合。

化学蚀变指数(CIA)和化学风化指数(CIW)可用于评价岩石的风化程度。化学蚀变指数主要采用以下公式进行计算(Nesbitt and Young,1984):$CIA=[Al_2O_3/(Al_2O_3+CaO^*+Na_2O+K_2O)]\times100$;化学风化指数采用(Harnois,1988)以下公式进行计算:$CIW=[Al_2O_3/(Al_2O_3+CaO^*+Na_2O)]\times100$。选择78个未风化的下白垩统巴音戈壁组上段碎屑岩样品的CIA值为8.36~70.65(平均值42.35),CIW值为9.53~75.01(平均值47.55),表明碎屑岩风化程度弱,反映了寒冷、干燥的古气候条件。A-CN-K(Al_2O_3-CaO^*+Na_2O-K_2O)图解表明,泥岩和砂岩样品的风化程度相似,为弱风化,具有向伊利石、白云母和蒙脱石演化的特点(图6-1b、c)。A、B、C、D分别代表了理想的TTG、花岗岩、玄武岩和安山岩的风化趋势(Nesbitt and Young,1984)。早白垩世巴音戈壁组上段泥岩和砂岩样品的源岩分布于C和B间,部分样品与D线重合,源岩类似于上地壳、TTG、花岗岩和铁镁质的中基性岩,少量样品高于典型岩浆岩区,低于平均页岩,靠近蒙脱石单元,表明岩石的风化程度低于平均页岩(图6-1)。砂岩样品逐渐靠近蒙脱石单元,表明一种酸性的风化条件。同时1个泥岩样品和4个砂岩样品分布于角闪岩和辉石岩区域,表明有少量的原岩为中基性岩,具有较弱的风化。哈克图解中,SiO_2与Al_2O_3、Na_2O、K_2O呈正相关,与MgO、CaO、TiO_2呈负相关(图6-2)。宗乃山地块(隆起)钾长花岗岩、花岗闪长岩和闪长岩样品与下白垩统巴音戈壁组上段样品分布特点相似(史兴俊等,2014),但在风化过程中元素具有规律性的变化,表明其物质来源主要为盆地边缘宗乃山隆起的岩浆岩(图6-2)。从图6-2可以看出,Al_2O_3、TiO_2在岩石风化过程中属于不易移动组分,在沉积岩中明显低于原岩;Al_2O_3在碎屑岩中呈正相关,与侵入岩的分布相反,表明随着成分成熟度增加,长石的水解作用增强。MgO、CaO的分布与侵入岩的分布相似,MgO的分布略低于侵入岩,CaO的分布略高于侵入岩,表明在沉积搬运过程中部分铁镁质组分的分解和生物作用使得CaO含量增加。泥岩中MgO、CaO、K_2O含量高于砂岩,Na_2O含量低于砂岩,表明具有快速堆积、弱风化的特点。

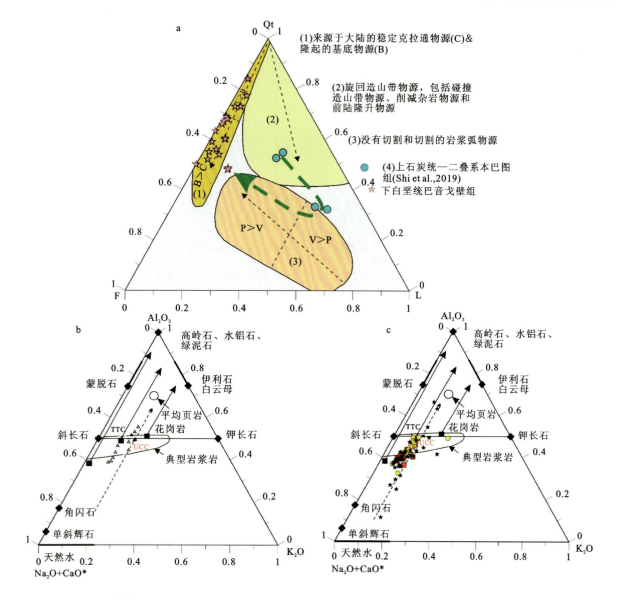

a. 三角图解；b、c. A-CN-K（Al_2O_3-CaO^* + Na_2O-K_2O）图解（据 Nesbitt and Young，1984 修改）

图 6-1 塔木素铀矿床巴音戈壁组上段碎屑岩的 Dickinson 图解

稀土元素表现为轻稀土富集,重稀土亏损,同时具有弱的负 Eu 异常,与宗乃山隆起出露的闪长岩、花岗闪长岩具有相似的特点(史兴俊等,2014),表明物源主要为宗乃山地块(隆起)的侵入岩。砂岩样品 La-Th-Hf 图解表明沉积物源主要为长英质岩石,1 个样品位于中基性岩与长英质岩石的混合区域,表明部分来源于中基性岩(图 6-3)。地球化学分析推断的原岩与锆石的分析一致,表明沉积物源主要为长英质岛弧,部分为长英质和中基性岩的混合岛弧。下白垩统巴音戈壁组上段物源主要为宗乃山隆起的隆升剥蚀,具有从晚石炭世到早二叠世消减带物源,逐渐演化为未切割弧—切割弧到稳定大陆块的物源(图 6-1a)。随着老的沉积物的逐渐加入,样品中 Hf 元素含量增高,表明该地区具有由混合弧(部分洋岛弧、大陆岛弧)到大陆岛弧逐渐向被动大陆缘演化的特点(图 6-3)。

巴音戈壁组上段砂岩样品在 SiO_2-K_2O/Na_2O 构造判别图解中主要分布于活动大陆边缘(ACM)和岛弧区(ARC)(图 6-4a);在(Fe_2O_3＋MgO)和 TiO_2 图解中,主要分布在大陆岛弧(CAI)、活动大陆边缘(ACM),部分样品分布于大洋岛弧(OIA)和被动大陆边缘(PM)区(图 6-4b),表明巴音戈壁组上段物质主要来源于大陆岛弧和活动大陆边缘。构造背景具有逐渐从混合弧(部分洋岛弧)过渡为大陆岛弧、

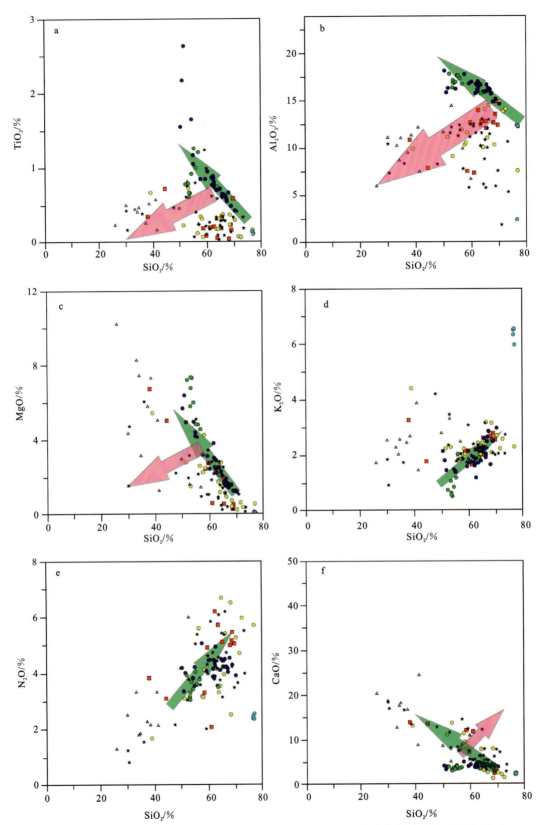

红色方块:褐红色砂岩;黄色圆:黄色砂岩;五角星:灰色砂岩;三角形:泥岩;绿色圆:闪长岩;深蓝色圆:花岗闪长岩;浅蓝色圆:钾长花岗岩;绿色箭头为宗乃山隆起岩浆岩的分布趋势;红色箭头为巴音戈壁组上段主量元素分布趋势

图 6-2 塔木素铀矿床巴音戈壁组上段砂岩哈克图解

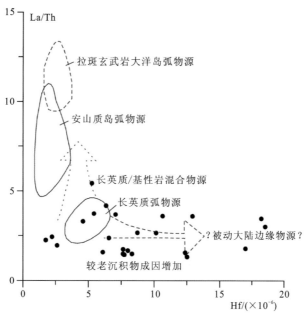

图 6-3 塔木素铀矿床碎屑岩 La-Th-Hf 图解（Floyd and Leveridge，1987）

活动大陆边缘，并逐渐向被动大陆边缘演化的特点。K_2O/Na_2O-SiO_2/Al_2O_3 图解表明，巴音戈壁组上段物源主要为长英质岛弧，少部分为玄武质-安山质岛弧（图 6-4c）；样品在 $(Fe_2O_3+MgO)/(SiO_2+K_2O+Na_2O)$-$Al_2O_3/SiO_2$ 图解中，主要落入成熟的岛弧（MMA），少部分落入演化的岛弧（EIA），表明巴音戈壁组上段物质主要为宗乃山岩浆岛弧（图 6-4d）。

对塔木素铀矿床巴音戈壁组上段砂岩样品和北西部蚀源区三叠纪花岗岩进行了锆石 U-Pb 同位素年龄分析。在测定年龄实验前对锆石进行了反射光和透射光照相，并用阴极发光扫描电镜进行图像分析以检查锆石内部的结构。进行试验测试样品的锆石以浅褐色及无色锆石为特征，半透明—透明，以半透明为主。碎屑岩中锆石形态都相对较好，具有一定的磨圆外形。无论是蚀源区花岗岩，还是目的层碎屑岩，它们中的锆石环带都比较明显，锆石晶体形态完好，显示出了近物源的特征。

碎屑锆石的原位 U-Pb 测年，可以揭示沉积地层的物质来源，同时可以揭示源区地块的地壳演化特征（Chen et al.，2019）。塔木素地区下白垩统巴音戈壁组上段砂岩中的锆石主要为岩浆锆石，表明其物源主要为岩浆岩。下白垩统巴音戈壁组上段（TMG02）锆石年龄为早二叠世—中二叠世（285～267Ma）、晚二叠世（263～257Ma）和晚二叠世—中三叠世（255～245Ma），中三叠世—晚三叠世（243～222Ma），年龄峰值分别为 267Ma、259Ma、253Ma 和 243Ma。下白垩统巴音戈壁组上段（TMG01）锆石年龄为中二叠世—晚二叠世（267～259Ma）、晚二叠世—早三叠世（257～249Ma）和中三叠世（247～243Ma），年龄峰值分别为 267～265Ma、253～251Ma、245～243Ma，表明盆地内巴音戈壁组上段低位体系域主要的物源为晚二叠世和早三叠世—中三叠世早期侵入岩（图 6-5）。盆地内下白垩统巴音戈壁组上段低位体系域和高位体系域砂岩样品中锆石具有多个峰值年龄表明源区在早二叠世—中三叠世存在多期次的构造-岩浆事件。峰值年龄分别为 267Ma、259Ma、253Ma，与古亚洲洋的俯冲时间一致（Zheng et al.，2019；Wang et al.，2020）。峰值年龄分别为 243Ma、236Ma 和 222Ma，与古亚洲洋、华北地块的碰撞闭合时间较为一致（Wang et al.，2020）。盆地内砂岩样品中锆石的 εHf(t) 同位素均为正值，表明该时期伴随着古亚洲洋的俯冲、碰撞，源区地块具有明显地壳增生。

宗乃山隆起岩浆岩的锆石年龄主要集中于晚古生代—早中生代，其主要来源于早二叠世—中三叠世，其峰值年龄分别为 287Ma、283Ma、273Ma、265Ma、261Ma、253～251Ma 和 237Ma（史兴俊等，2014，2015），表明宗乃山隆起的构造-岩浆的活动时间为早二叠世—中三叠纪世。诺日公隆起的岩浆岩的锆石年龄主要集中于晚泥盆世—早石炭世（370～335Ma）、晚石炭世（330～310Ma）、早二叠世—中二叠世（290～260Ma）

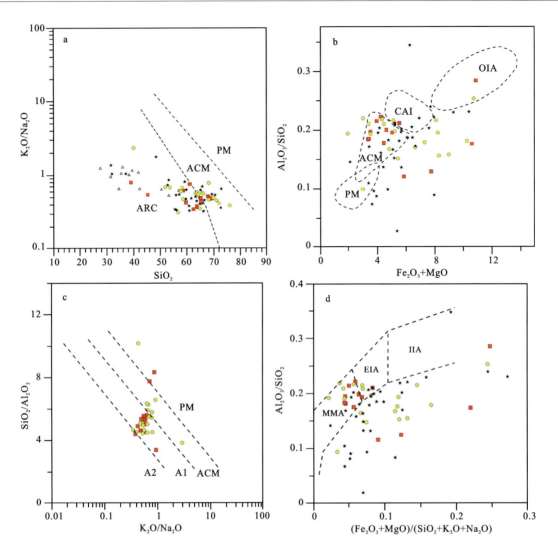

a. SiO_2-K_2O/Na_2O 图解；b. Al_2O_3/SiO_2-Fe_2O_3+MgO 图解；c. K_2O/Na_2O-SiO_2/Al_2O_3 图解；d. (Fe_2O_3+MgO)/(SiO_2+K_2O+Na_2O)-Al_2O_3/SiO_2 图解；OIA. 大洋岛弧；CAI. 大陆岛弧；ACM. 活动大陆边缘；PM. 被动大陆边缘；A1. 演化的岛弧（长英质碎屑）；A2. 岛弧背景（玄武-安山质）；IIA. 成熟的岛弧；EIA. 演化的岛弧；MMA. 成熟的岩浆弧；红色方块为褐红色砂岩；黄色圆为黄色砂岩；五角星为灰色砂岩

图 6-4 塔木素铀矿床巴音戈壁组上段碎屑岩大地构造判别图解
(Maynard et al., 1982; Bhatia, 1983; Kumon and Kiminami, 1994)

和晚三叠世（225Ma），峰值年龄为 330Ma 和 285Ma，除 6 个锆石年龄小于 270Ma 外，其余锆石年龄均大于 270Ma。空间上，诺日公隆起和宗乃山隆起与盆地相邻，为坳陷的潜在物源区。但研究发现，下白垩统巴音戈壁组上段砂岩的岩浆锆石年龄主要集中于早二叠世—中三叠纪世早期（图 6-5）。阿拉善地块和塔里木地块均缺少 270Ma 以来的岩浆锆石年龄，表明南部的诺日公隆起不是本区的物源区。宗乃山侵入岩的岩浆锆石年龄与下白垩统巴音戈壁组上段砂岩的锆石年龄较一致，表明盆地的物源主要为宗乃山地块早二叠世—中三叠纪世侵入岩，为地块（隆起）边缘的近源沉积，并未混入来自邻近各地块的岩石（塔里木地块和华北地块）。

锆石原位 Hf 同位素分析为有效的物源判别方法。为了进一步证明盆地内的物源主要来自宗乃山隆起，对下白垩统巴音戈壁组上段不同年龄的锆石进行了 Hf 同位素分析。$\varepsilon Hf(t)$ 与锆石年龄图解表明，砂岩锆石的 Hf 同位素值为 1.62～9.67，宗乃山隆起花岗闪长岩、闪长岩和钾长花岗岩的 Hf 同位素值除了有 2 个点为负值（-2.3、-1.01）外，其余均为正值（0.34～11.58），沙拉扎山隆起的温度尔庙花

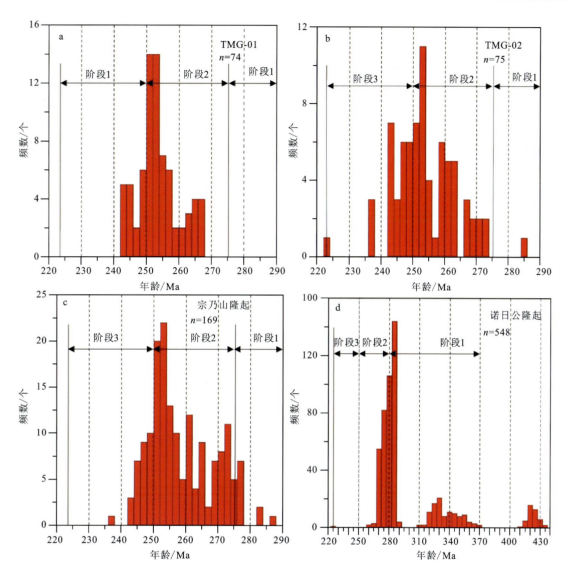

a、b.巴音戈壁组上段碎屑砂岩中锆石年龄直方图;c.宗乃山隆起岩浆岩锆石年龄直方图;d.诺日公隆起岩浆岩中锆石年龄分布直方图(数据来源于 Dan et al.,2014,2015;Shi et al.,2014a,2014b;Zhang et al.,2019)

图 6-5 塔木素铀矿床巴音戈壁组上段砂岩锆石年龄与宗乃山地区岩浆岩锆石年龄对比图

岗闪长岩、宝格达辉长岩、乌力吉花岗岩、花岗闪长岩、二长花岗岩、石英二长闪长岩、呼仁陶勒盖花岗岩 Hf 同位素值除一个测点为负值(-1.01)外,其余均为正值($0.21\sim11.68$)。诺日公隆起的花岗闪长岩、二长花岗岩、花岗闪长岩、石英闪长岩、铁镁质包体等的 Hf 同位素均为负值($-20\sim-1.1$),华北地块早石炭世—早三叠世的侵入岩的 Hf 同位素也均为负值($-23.2\sim-9.1$),表现为不同的地壳演化特点。盆地内下白垩统巴音戈壁组上段锆石的 Hf 同位素值与古亚洲造山带较一致,诺日公隆起的侵入岩锆石 Hf 同位素值与华北地块较一致,但值高于华北地块,存在逐渐由诺日公隆起向华北地块过渡的趋势。因此,诺日公隆起(阿拉善地块)侵入岩和华北地块不可能为盆地的物源。

二、铀源

塔木素铀矿床巴音戈壁组上段碎屑中石英的波状消光、高含量的长石、花岗岩屑的大量存在,说明沉积物源主要来自花岗岩类岩体。塔木素铀矿床北西部蚀源区二叠纪、三叠纪花岗岩非常发育,各时期花岗岩体铀丰度值和浸出率较高(表6-1)。加里东晚期侵入岩平均铀含量(2.3~3.3)×10^{-6},Th/U值为3.9~4.5,活化铀迁移量为(-0.7~-0.2)×10^{-6}。海西期侵入岩平均铀含量为(3.0~4.5)×10^{-6},Th/U值为3.5~6.4,活化铀迁移量为(-2.3~-0.4)×10^{-6},铀迁出明显。印支期侵入岩平均铀含量(3.3~5.5)×10^{-6},Th/U值为1.9~4.8,活化铀迁移量为(-2.6~-1.0)×10^{-6}。燕山期侵入岩平均铀含量(4.7~5.3)×10^{-6},Th/U值为3.1~5.6,活化铀迁移量为(-2.8~-0.7)×10^{-6}。盆地内发育多处铀矿化异常点以及放射性异常晕圈,其中γ场高值场(大于4.6nC/kg·h)与偏高场(3.1~4.6nC/kg·h)呈团块状和长条状分布(图6-6),主要分布于各期岩体,反映出岩体含铀丰富的特点,是盆地的主要铀源体;γ场背景值场(2.1~3.1nC/kg·h)则大面积分布于隆起带及靠近隆起带两侧盆地中,进一步说明蚀源区铀大量迁出并在坳陷(凹陷)内富集,具备较好的铀源条件。

表6-1 塔木素铀矿床北部隆起区花岗岩体放射性特征表

时代		岩石名称	U/(×10^{-6})	Th/(×10^{-6})	K/%	Gu/(×10^{-6})	Fu/(×10^{-6})
印支期	Tγ	中细粒花岗岩	3.9	20.7	4.8	5.67	-1.77
海西期	Pγ	灰白色花岗岩	5.8	25.2	4.5	6.90	-1.10
		花岗岩	2.8	13.8	3.6	3.78	-0.98
	Pγδ	花岗闪长岩	2.6	11.2	2.8	3.07	-0.47
		花岗闪长岩	4.0	18.8	3.8	5.15	-1.15
加里东期	Sηγ	二长花岗岩	2.2	8.7	3.1	2.38	-0.18

注:数据引自《内蒙古巴音戈壁盆地塔木素—银根地区1:25万铀资源区域评价》(2006—2007年)。

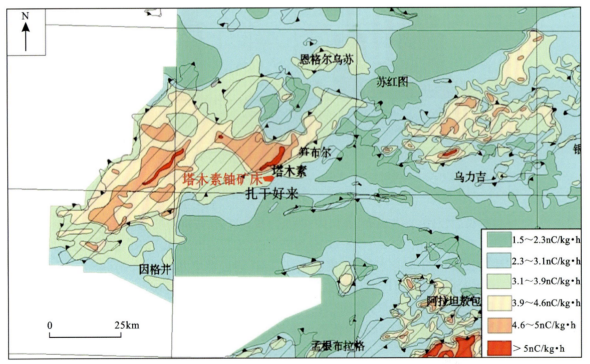

图6-6 塔木素及周边地区γ照射量率等值线图

另外,元古宙地层也具有较高的铀含量和钍铀比,也有不同程度铀的迁出。此外,目的层巴音戈壁组上段本身铀含量较高(表6-2),也为铀的预富集提供了一定保障,同时为后期层间氧化作用下铀的迁移富集成矿提供了必要条件。

表 6-2　塔木素地区地质单元地面伽马能谱测量参数统计表

序号	地质单元	U/($\times 10^{-6}$)		Th/($\times 10^{-6}$)		K/%	
		一般值	平均值	一般值	平均值	一般值	平均值
1	K_2w	0.7~2.3	1.41	3.1~8.6	5.05	1.7~2.9	2.51
2	K_2b^2	1.7~6.5	3.64	4.4~10.1	7.05	1.1~1.7	1.42
3	K_2b^1	1.9~3.9	2.85	4.8~16.1	7.32	1.6~3.7	2.15
4	$T\gamma\beta$	2.0~3.9	2.82	8.1~14.4	11.6	2.1~2.6	2.38
5	$P\gamma\beta$	1.1~3.7	2.58	6.8~18.2	13.2	1.9~3.4	2.79
6	$P\gamma\delta$	0.9~2.5	1.65	5.0~10.9	8.6	0.9~2.1	1.71

注：数据引自核工业二〇八大队。

第二节　构造要素

兴蒙地区盆地内与铀成矿有关的凹陷构造样式主要为单断箕状、单断箕状复合型、双断和双断复合型。塔木素铀矿床处于巴音戈壁盆地因格井坳陷因格井凹陷北东部，该地区构造形迹以北东向为主，向凹陷内形成地堑、半地堑构造样式，其南东缘白垩系角度不整合覆盖于花岗岩基底之上，总体构成单断箕状复合型构造样式。

沉积盆地内铀矿床一般产于构造演化的断拗转换期。因格井凹陷在巴音戈壁期构造沉降作用进一步加剧，加之气候环境明显改变，流水作用显著增强，湖盆快速扩张，向凹陷内形成了冲积扇沉积体系与扇三角洲沉积体系。北东向构造的闭合端成为碎屑补给的主要地段，并使沉积坡降进一步降低，在构造交会处形成由平原亚相逐步入湖的扇三角洲沉积体系，在塔木素地区形成了厚大的扇三角洲分流河道砂体。在早白垩世晚期以及晚白垩世晚期，塔木素地区发育强烈的构造反转，差异的块断升降导致原来形成的沉积格局发生改变。反转断裂以逆冲压性为主要构造性质，构造方向呈北东向，由若干条相互平行的断裂带组成。断裂构造的反转使原有沉积相带在空间上的有序规律发生了变化，即由冲积扇-扇三角洲-湖相组合递变的沉积相带或由冲积扇-辫状河-辫状三角洲-湖相组合递变的沉积相带在空间上出现了错位或缺失，同时也使巴音戈壁组上、下段沉积地层在空间叠置关系上出现了错断和突变(图6-7)。

塔木素铀矿床赋存于因格井凹陷北部下白垩统巴音戈壁组底界面微倾斜坡上。下白垩统巴音戈壁组与上白垩统乌兰苏海组呈微角度不整合接触，缺失下白垩统苏红图组。下白垩统巴音戈壁组沉积后，受北东向应力场作用，盆地构造反转，地层由北东向南西抬升掀斜，形成微向斜(图6-8)。在下白垩统巴音戈壁组沉积后到上白垩统乌兰苏海组沉积前，盆地遭受了大量的抬升剥蚀，表现为巴音戈壁组缺失顶部褐色泥岩。晚白垩世乌兰苏海组沉积后，北部蚀源区持续隆升，使得盆地北部上白垩统乌兰苏海组大部被剥蚀，形成晚白垩世剥蚀窗口，有利于含铀含氧水向盆地内运移。在古近纪，凹陷受喜马拉雅运动影响，凹陷南部早期断裂发生活化，盆地由南西向北东抬升，地层剥蚀，形成古近纪剥蚀窗口(图6-9)。受晚白垩世盆地抬升影响，北部宗乃山抬升规模较大，有利于含铀含氧水向凹陷内运移。

总体而言，侏罗纪及以前的剧烈构造运动在塔木素地区北部形成了宗乃山大量富铀花岗岩类岩体，这些富铀花岗岩类岩体既是找矿目的层巴音戈壁组上段沉积时的物源，又是后期形成矿化体的铀源。在目的层沉积期构造活动相对较弱，以整体沉降为主，只有局部发育断裂。相对稳定的构造格局使花岗岩类岩体长时间暴露地表，被风化剥蚀，向低洼处运移，特别是塔木素地区的北侧，地层的抬升使目的层

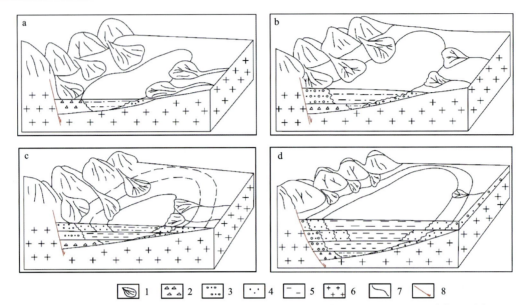

a.早白垩世巴音戈壁组下段;b.早白垩世巴音戈壁组上段早期;c.早白垩世巴音戈壁组上段晚期;d.早白垩世末期;1.扇三角洲;2.冲积扇;3.扇三角洲平原;4.扇三角洲前缘;5.湖泊相;6.基底;7.亚相界线;8.断层

图 6-7 塔木素地区白垩纪构造-沉积演化模式图(据李鹏等,2020)

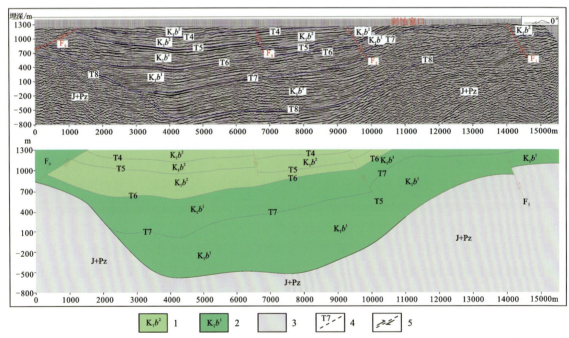

1.下白垩统巴音戈壁组上段;2.下白垩统巴音戈壁组下段;3.侏罗系及古生界;4.地震解译追踪界面及编号;5.解译断层及编号

图 6-8 塔木素铀矿床浅层地震剖面图(据刘波等,2020)

长期、大面积暴露地表,有利于含铀含氧水的进入。相对稳定的构造格局也有利于前期形成的泥岩型铀矿得以保存,而砂岩型铀矿不断得到富集。早白垩世晚期,在太平洋俯冲远程效应下,巴音戈壁盆地发生构造反转与断坳转换,发育走向北东的断裂与线性褶皱,致使地层发生差异性掀斜式抬升;晚白垩世乌兰苏海期为坳陷期,沉积物以"填平补齐"的形式覆盖在早期的地质单元上;古近纪至今,受印度板块向北俯冲影响,北东向构造活化与新生,区内差异性抬升更为明显,上覆地层剥蚀严重。塔木素地区在不断抬升与剥蚀过程中形成剥蚀天窗,为后期铀成矿提供了有利条件,控制着层间氧化带由凹陷边缘向凹陷中心发育,加之滨湖-浅湖相地层中富含有机质,在氧化还原障附近形成铀矿化(表 6-3)。

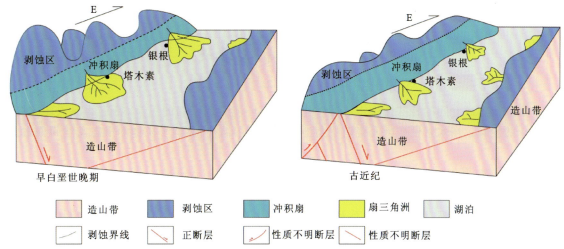

图 6-9 塔木素地区中新生代构造-沉积演化示意图(据李鹏等,2020)

表 6-3 塔木素地区铀成矿要素表

	预测要素	描述内容	分类
成矿地质特征	大地构造位置	巴音戈壁盆地因格井坳陷北缘	重要
	区块划带	巴丹吉林-巴音戈壁盆地铀成矿带	重要
	岩浆岩带	宗乃山-沙拉扎山岩浆岩带	重要
	成矿时代	早白垩世—上新世	重要
矿床特征	成矿地质体	下白垩统巴音戈壁组上段	重要
	成矿构造及成矿结构面	盆缘及盆内断裂为铀迁移提供了通道;层间氧化还原转换带,相变部位(扇三角洲前缘砂体与前扇三角洲泥岩过渡部位,以及氧化-还原砂体过渡部位靠近还原砂体一侧)	非常重要
	成矿作用特征表 — 矿体特征	矿体为多层状、板状、带状,少量呈透镜状;倾角一般 3°~5°;底板埋深 162.06~646.40m;厚度 0.46~8.96m,平均厚度 1.63m;矿石品位 0.050%~0.599%,平均品位 0.098%	一般
	成矿作用特征表 — 矿物组合	一是铀矿物;二是胶结物中的铀;三是植物碎屑等吸附的铀	重要
	成矿作用特征表 — 主金属元素	沥青铀矿、铀石和含铀钛铁氧化物	重要
	成矿作用特征表 — 矿石结构构造	砂岩铀矿石一般为不等粒砂状结构,块状构造,以孔隙式胶结和基底式胶结为主,局部见槽状交错层理	重要
	成矿作用特征表 — 矿石结构构造	泥岩型矿石主要由深灰色、灰色泥岩、粉砂岩和浅灰色、灰白色泥灰岩、灰岩组成,以块状构造为主	重要
	成矿作用特征表 — 矿床分带性	矿床具有双向沉积特征,其中砂岩型铀矿体多集中在矿床中北部	重要
	成矿作用特征表 — 蚀变类型	褐铁矿化、赤铁矿化、白云石化、方解石、石膏、黄铁矿、碳屑	重要
矿床物理化学特征	成矿物理化学条件	分布有地面伽马能谱高场与偏高场,发育褐黄色与褐红色后生蚀变	重要
	成矿物质来源	蚀源区岩浆岩;找矿目的层;地壳深部	重要
	成矿流体来源	地壳深部热卤水	重要
	成矿模式	同生沉积-层间氧化-热液叠加改造	重要

第三节 沉积学要素

砂岩型铀矿容矿空间的特殊性决定了铀矿化与沉积环境有着密切的关系,特定的沉积环境控制影响着铀矿化的发育。塔木素铀矿床发育扇三角洲独特的储层结构,影响了矿体的形态及空间分布。

一、沉积体系

不同的沉积体系类型、特定沉积体系及其内部成因相对砂岩型铀成矿具有重要的控制作用(焦养泉等,2006)。如果把铀源、构造、古水文和古气候等条件都看成是有利的,那么砂岩型铀成矿只能与沉积体系所具有的铀储层砂体规模、铀储层砂体品质、补径排、隔水层特征以及还原介质能量等关系密切。与辫状河沉积体系或辫状河三角洲沉积体系相比,扇三角洲沉积体系所拥有的铀储层砂体无论是规模还是品质均较差,这主要取决于断拗转换沉积背景。第一,此背景中发育的扇三角洲属于短轴沉积体系,前积作用有限,铀储层砂体规模有限;第二,此背景中形成的沉积物分选差、泥质含量高,铀储层品质欠佳;第三,湖泊沉积物相对发育,还原介质能量较强。这些原因导致扇三角洲沉积体系中的层间氧化带纵向规模不可能太大,塔木素铀矿床距盆缘断裂仅几千米至10km(图6-10、图6-11)。在塔木素地区,地层单元中扇三角洲沉积体系和湖泊沉积体系彼此的发育规模对铀成矿具有重大影响。在巴音戈壁组上段中,只有扇三角洲沉积体系相对发育的中部岩性段具有铀矿化,这显然是与其拥有较大规模的铀储层砂体有关;下部岩性段和上部岩性段不成矿的原因在于湖泊规模较大、扇三角洲规模较小,还原介质能量强、铀储层砂体规模小,自然不能成矿(图6-11、图6-12)。

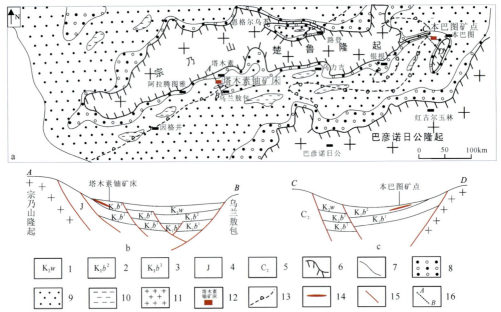

a.巴音戈壁组上段岩相图;b.塔木素铀矿床构造-地层格架示意剖面;c.本巴图矿点构造-地层格架示意剖面;1.上白垩统乌兰苏海组;2.下白垩统巴音戈壁组上段;3.下白垩统巴音戈壁组下段;4.侏罗系;5.上石炭统;6.盆地边界;7.岩相界线;8.扇三角洲平原;9.扇三角洲前缘;10.滨浅湖相沉积;11.花岗岩;12.矿床/矿产地;13.乌兰苏海组剥蚀界线;14.铀矿体;15.断裂;16.示意剖面

图6-10 巴音戈壁盆地中南部下白垩统巴音戈壁组上段岩性-岩相示意图(据李鹏等,2020)

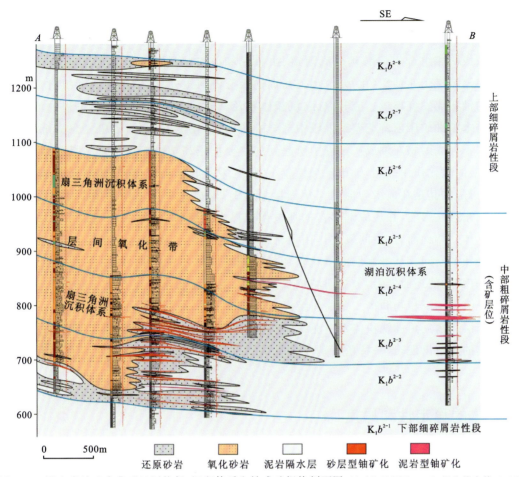

图 6-11　塔木素铀矿床典型地层格架、沉积体系和铀成矿规律剖面图（剖面位置见图 3-42b；据焦养泉等，2012）

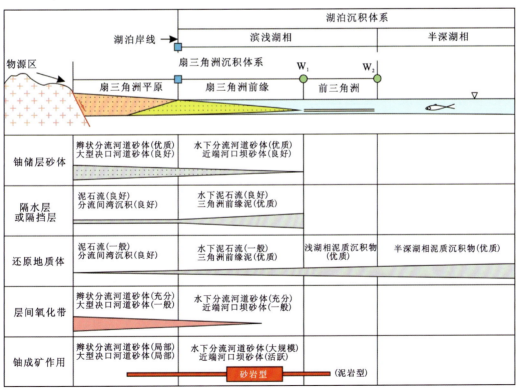

图 6-12　发育于断陷湖盆背景中扇三角洲沉积体系内部成因相的铀成矿功能分析（据 Wu et al.，2022）

针对中部铀成矿岩性段,塔木素铀矿床主要铀矿化位于扇三角洲沉积体系与湖泊沉积体系衔接的交会区域,即扇三角洲前缘区域(图6-11、图6-12)。水下泥石流中也见有工业铀矿(化)体,以及在扇三角洲平原成因相组合中的辫状分流河道、决口扇和决口河道以及分流间湾中有工业铀矿体产出。前缘泥中见零星工业铀矿(化)体。扇三角洲前缘分流河道-间湾沼化洼地沉积组合类型是塔木素地区有利的铀矿化发育环境。究其原因,沉积体系及其内部成因相在铀成矿过程中可能扮演了不同角色。以塔木素铀矿床巴音戈壁组上段中部岩性段为例,图6-12总结了扇三角洲沉积体系-湖泊沉积体系内部不同成因相在铀成矿过程中所起到的主要作用和功能。扇三角洲平原砂体厚度大,受渗透性影响,层间氧化作用强烈,铀成矿规模较小,仅见零星的铀矿化;扇三角洲平原-前缘成因相砂体的均质性要好,尤其是在前缘与前扇三角洲接触带上,形成富矿体。泥岩型矿体也受充足的铀源和砂岩良好的渗透性影响,在还原剂丰富的地段形成厚大的矿体,在纵向构造裂隙发育的地段也形成泥岩型铀矿体。相比而言,层间氧化作用通常终止于近端河口坝砂体分布区,水下分流河道砂体是铀成矿最活跃的空间。从抑制层间氧化作用的还原地质体的角度看,湖泊泥岩沉积(包含扇三角洲前缘泥)具有强大的还原能力,分流间湾沉积物次之,泥石流和水下泥石流一般。但是,泥石流、水下泥石流与分流间湾沉积物和扇三角洲前缘泥联合构成了铀储层砂体的顶底板隔水层,或者是铀储层内部的隔挡层。扇三角洲沉积体系中泥石流和水下泥石流在铀成矿过程中,以隔水层(隔挡层)和弱还原地质体的角色出现,这一特色有别于常见的含铀沉积体系,如辫状河沉积体系和辫状河三角洲沉积体系等。

二、砂体的稳定性和厚度

砂体的稳定性和砂体厚度对铀成矿有重要的影响(Hu et al.,2019)。塔木素矿床铀矿化主要发育于扇三角洲平原分流河道,部分分布于扇三角洲前缘分流河道砂体中,少量分布于湖相泥岩中。分流河道砂体具有稳定连续的砂体厚度和高的含砂率。通过统计含矿体系域的含砂率,发现矿化主要赋存于砂体厚度140~260m的砂体中及含砂率0.45~0.80的地层中。在含砂率0.55~0.65的地层中,矿体最为发育(图3-24、图3-26),品位也最高。

三、砂体的孔隙度和渗透率

塔木素铀矿床铀矿化与砂体的孔隙度和渗透率密切相关。矿床主要赋矿砂体为低位体系域扇三角洲平原分流河道和扇三角洲前缘分流河道砂体,主要为中粗粒砂岩、中砂岩和细砂岩,砂体均质性一般到较好。砂体由于受采取率、取样的不连续等影响,很难得到完整的孔隙度、渗透率数据。不同沉积体系中砂体的孔隙度和渗透率可通过物探测井曲线进行相对表征(Hu et al.,2019)。通过分析(图6-13),扇三角洲前缘分流河道砂岩具有最好的孔隙度和渗透率,相对最大孔隙度为0.37,渗透率为$0.85×10^{-3}\mu m^2$,扇三角洲平原分流河道砂体孔隙度次之,最大孔隙度为0.30,渗透率为$0.75×10^{-3}\mu m^2$(图6-13)。通过对扇三角洲平原分流河道和前缘分流河道砂体分别采集岩芯样品,扇三角洲前缘砂体渗透系数最大达13.43m/d,渗透率达$13.5×10^{-3}\mu m^2$,孔隙度达15.5%(姚益轩等,2015)(表6-4)。扇三角洲平原由于砂体发育规模大,矿床矿体多分布于扇三角洲平原分流河道中,扇三角洲前缘分流河道砂体由于具有更好的渗透率和孔隙度,层间氧化作用发育越强烈,矿体的品位越高(图6-13)。这与测井曲线解释相对结果相同(结果受样品影响,其数据为测试绝对值,测井解释为相对特征)。

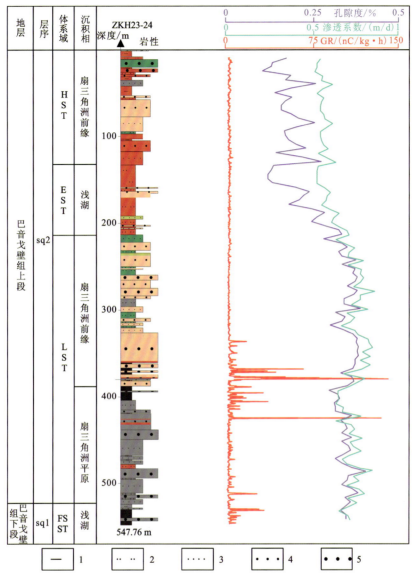

图 6-13 塔木素铀矿床巴音戈壁组上段砂体孔隙度及渗透率示意图

表 6-4 塔木素铀矿床扇三角洲孔渗样品分析结果

样号	成因相	岩性	取样位置/m	渗透率/($\times 10^{-3} \mu m^2$)	孔隙度/%	渗透系数/($m \cdot d^{-1}$)
36-4-2-3	扇三角洲平原分流河道	红色粗砂岩	314.35～314.50	0.813	10	0.80
36-20-1-3		浅红色粗砂岩	489～489.14	0.111	5.5	0.11
36-20-2-1	扇三角洲前缘分流河道	肉红色粗砂岩	493.8～493.95	10.9	11.9	10.84
36-20-2-3		浅红色粗砂岩	494.3～494.50	13.5	15.5	13.43
36-20-4-3		灰色细砂岩	526.7～526.90	0.339	7.3	0.33

在矿床及周边地区，铀成矿有利的砂体是扇三角洲沉积体系形成的砂体，主要表现为扇三角洲前缘和平原的（水下）分流河道砂体。如果单个水下分流河道沉积厚度较大（在 30m 左右或以上），而水下河道间沉积厚度较薄，一般在 2m 以内时，铀矿化常产于两种沉积微相的过渡部位（表 6-3）。如果水下分流河道和水下河道间各自的沉积厚度都很薄，呈频繁互层状产出，这种地层结构不利于含氧含铀地下水

的迁移,因此在此位置常常形成铀异常,而难以达到工业品位。对于由多个分流河道叠置而成的大型河道,铀矿化的产出常常受层间氧化还原界面控制,含氧含铀地下水在含水层中不断向前运移,氧慢慢耗尽,铀在地下水中逐渐富集而沉淀,进而形成工业铀矿化。

第四节 水文地质要素

在盆地形成演化过程中伴随着地下水的形成演化,不同沉积期形成不同时期的地下水。下面以古气候条件、构造演化、沉积演化为主线,对地下水的演变过程进行论述。

一、早白垩世时期

早白垩世早期,气候炎热干燥,凹陷内充填一套冲积扇相红色粗碎屑岩建造。早白垩世晚期,为半干旱气候,盆地接受了冲积扇-湖泊相沉积。

在沉积作用开始时,地下水的运动方式为渗入性的。随着沉积作用的不断进行,上部岩层不断加厚,地静压力逐渐增大,深层水的运动方式变为渗出性的。在盆地内形成了垂向水动力带,在深部层位形成了缓慢的水交替带和渗出性的水动力环境,而在上部层位形成了具有渗入作用的强烈水交替带。本阶段最后以沉积作用结束而告终,盆地地表变为冲刷区。

根据岩相古地理图编制了早白垩世古水文地质图(图6-14),图中画出了反映氧化还原条件的两个水文地球化学环境带。

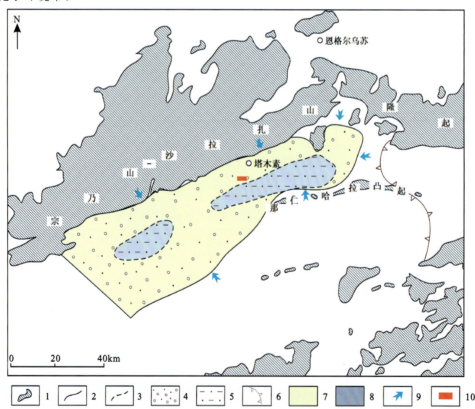

1.蚀源区;2.下白垩统现代分布边界;3.下白垩统岩相界线;4.下白垩统冲积扇相分布区;5.下白垩统冲积平原(含河流相)分布区;6.水文地质单元界线;7.下白垩统地下水氧化及氧化还原过渡环境分布区;8.下白垩统地下水还原环境分布区;9.地下水流向;10.铀矿床

图6-14 塔木素地区早白垩世古水文地质图

(1)氧化及氧化还原过渡带,该带对应于冲积扇相、冲积平原相(含河流相)沉积物分布区。

(2)主要分布还原介质和可能分布还原介质的还原带,该带对应于湖相沉积区。

由上述环境带可以推断还原障可能首先沿还原带的边界形成,而在氧化还原交替带中既可能形成还原障,又可能形成层间氧化带。另外,在沉积过程中,盆地北部的宗乃山-沙拉扎山隆起在不断隆升,一方面使下白垩统在北部、北东部盆缘大面积暴露地表,遭受剥蚀,利于含氧水向盆地深部及盆中渗入,同时利于氧化作用的发育;另一方面加强了地下水由北向南,由北东向南西的径流趋势,有利于氧化作用沿径流方向上持续推进,进而形成层间氧化带。

二、晚白垩世时期

该时期盆地变浅,沉积中心南移,在干旱气候条件下,形成了冲积扇-冲积平原相沉积,沉积了一套红色碎屑岩建造。

该阶段地下水的形成演化过程与早白垩世地下水的形成演化具有相同的规律。地下水的运动方向仍然是由盆缘流向盆中,此时北部隆起的不断抬升,地下水的总体流向继承了早白垩世由北向南、由北东向南西的地下水流向。晚白垩世末期,燕山运动第Ⅴ幕使全区缓慢抬升,此时构造活动较弱,没有改变早已形成的古地下水流向及径流趋势。

水动力条件方面,上白垩统岩层以渗入作用为主,渗出作用存在于盆地的深部,在上白垩统和下白垩统岩层中同时存在沉积水向砂岩层的渗出。

根据上白垩统岩相古地理图编制了晚白垩世古水文地质图(图6-15),图中同样划分了具有不同氧化还原环境的两个带:①分布于上白垩统及下白垩统的氧化及氧化还原过渡带;②分布于上白垩统及下白垩统的还原带。

由图6-15可以看出,具有形成氧化带和氧化还原过渡带条件的地区在本阶段有所扩大,这是由于气候干旱,含氧潜水的含铀性较高,因此,铀渗入聚集的可能性在该阶段也有所增大。

三、古近纪—第四纪时期

古近纪以来,受喜马拉雅运动的影响,南部的河套盆地下陷,本区则快速抬升,抬升的速度由南至北依次递减,而北部的宗乃山-沙拉扎山隆起区至那仁哈拉凸起一带仍然继承了以前的隆升趋势。区内古近系—新近系缺失沉积,第四系有所沉积,但沉积厚度较小,一般小于20m,因此该阶段总体上表现为以上升为主的差异升降运动,此时期形成的古水动力条件基本上代表了现代水动力条件。

地下水的排泄源(区)分布在盆地的中部,对盆地南部来说,加剧了地下水由北部盆缘向盆中径流的趋势,并使沿地下水流向的氧化作用进一步加强。对盆地北部而言,在塔木素地区,那仁哈拉凸起以北至宗乃山-沙拉扎山隆起的继承性抬升,使由北向南的地下水径流趋势得以加强,并使氧化作用进一步发育。

该阶段地表不断抬升,上、下白垩统岩层大面积暴露现代地表,此时气候变得更加干旱,含氧水几乎随处可见,利于含氧大气降水及基岩裂隙水向白垩系岩层的渗入。随着含氧水的不断渗入,区内发育广泛的潜水氧化作用,向盆中或深部进一步发展为层间氧化作用,以前形成的氧化带在古近纪—第四纪继续发育。由于气候干旱,地下水中的铀含量相对较高,在有利的成矿条件下可能会形成新的铀聚集,并可能叠加到以前形成的铀矿化之上。

上述水文地质要素的分析认为,区内具有铀成矿有利的古水文地质条件,该区的铀成矿期为早白垩世末期直到现在。

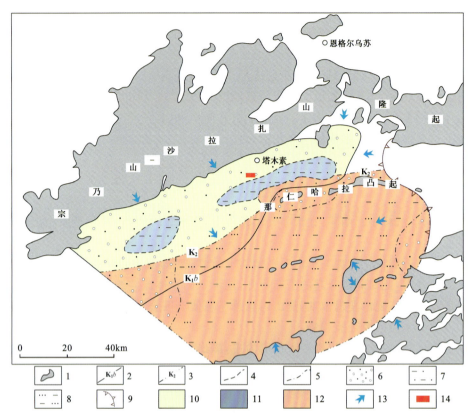

1.蚀源区；2.下白垩统现代分布边界；3.上白垩统现代分布边界；4.下白垩统岩相界线；5.上白垩统岩相线；6.上白垩统冲积扇相分布区；7.上白垩统冲积平原(含河流相)分布区；8.上白垩统浅湖相分布区；9.水文地质分区界线；10.下白垩统地下水氧化及氧化还原过渡环境分布区；11.下白垩统地下水还原环境分布区；12.下白垩统地下水氧化环境分布区；13.地下水流向；14.铀矿床

图 6-15　塔木素地区晚白垩世古水文地质图

第五节　岩石地球化学要素

一、后生氧化作用

塔木素铀矿床巴音戈壁组上段3个岩段垂向上构成稳定的"泥-砂-泥"地层结构，层间氧化带主要发育于巴音戈壁组上段第二岩段，其发育程度主要受第二岩段砂体渗透性控制。扇三角洲前缘水下分流河道砂岩孔隙度、渗透性相对较好；当含氧含铀水在渗透层中不断流动，自由氧逐渐消耗，形成层间氧化还原过渡带。层间氧化还原过渡带主要由北向南发育，厚度逐渐变小，埋深逐渐变浅。在矿床北部，氧化砂体的厚度与含水层的厚度基本一致，向南氧化砂体的厚度变薄，逐步小于含水层的厚度乃至尖灭。

氧化带沿河道呈多层带状发育，以褐黄色、褐红色粗砂岩、中砂岩、细砂岩为主，见浸染状褐铁矿化或褐铁矿化斑点；氧化还原过渡带中砂岩后生蚀变程度不一。通过对氧化还原过渡带中的红色强氧化砂岩、黄色氧化砂岩、过渡带含矿砂岩、还原带砂岩、含矿泥岩及不含矿泥岩 Fe^{3+}、Fe^{2+}、$C_有$、CO_2、S^{2-}、$S_全$、ΔEh 及矿石的 U 含量对比研究可知，氧化带具有高的 Fe^{3+} 和 CO_2 含量。黄色氧化带中 Fe^{3+}、S^{2-}、U 含量略高于红色氧化带，表明在地下水渗入过程中，灰色砂岩中的黄铁矿经氧化由盆地边缘向盆地内运移过程中，砂体中的 Fe^{2+} 逐渐氧化为 Fe^{3+}（岩石氧化为红色或褐红色），同时部分铁流失，为盆地深部砂体提供了铁元素,在氧化还原过渡带内形成黄铁矿,形成砂岩型铀矿(图 6-16、图 6-17)。地表水中的硫及灰色砂岩中的黄铁矿经氧化(岩石氧化为红色)形成 SO_4^{2-} 向盆地内迁移,SO_4^{2-} 在氧化还原过渡带内被还原形成黄铁矿(Zhang et al.,2019;Zhang et al.,2019)。对比发现氧化还原过渡带(矿石带)具有高的 Fe^{2+}、Fe^{2+}/Fe^{3+}、$C_{有}$、$S_{全}$、S^{2-}、ΔEh 和铀含量,Fe^{3+} 和 CO_2 含量较低,S^{2-} 含量稍高,表明砂岩中黄铁矿和炭化植物碎屑为铀成矿提供了重要的还原介质。

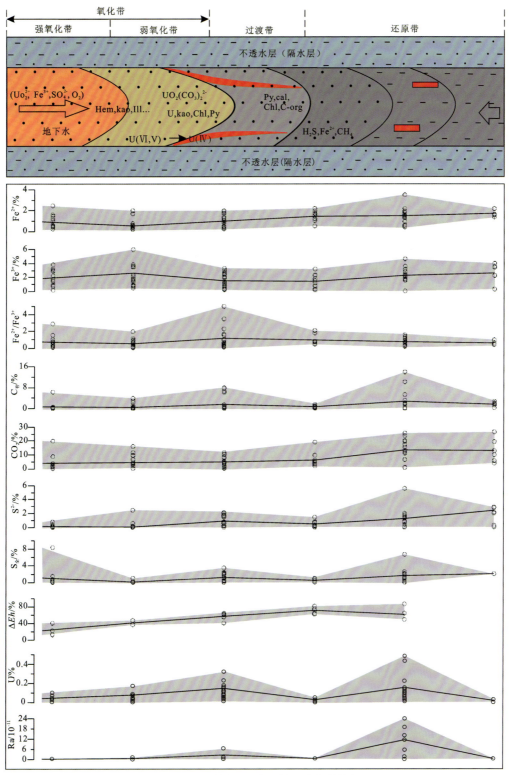

图 6-16　不同类型砂岩环境地球化学特征

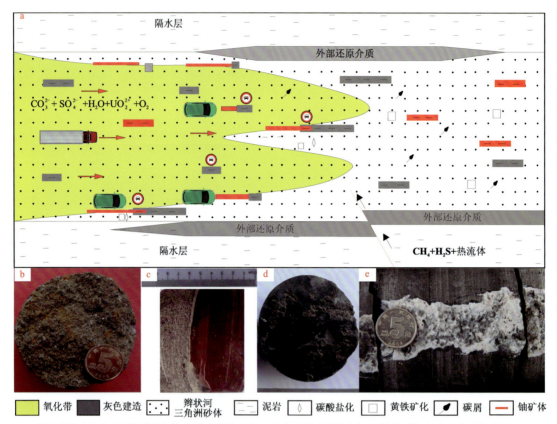

a. 塔木素铀矿床成矿流体运移方式；b. 黄色氧化砂岩；c. 氧化还原过渡带砂岩；d. 泥岩型铀矿石，发育溶蚀孔洞，见大量细晶黄铁矿充填；e. 泥岩裂隙中充填碳酸盐化

图6-17 塔木素铀矿床成矿流体作用形式示意图（据刘波等，2020）

以往研究表明巴音戈壁组上段沉积期后古气候持续干旱炎热，在较封闭滞留水的环境下，盆地内水岩作用强烈，脱碳作用促使地下水中以$[UO_2(CO_3)_3]^{4-}$、$[UO_2(CO_3)_3]^{2-}$等碳酸铀酰络合离子及$MgCO_3 \cdot NaUO_2(CO_3)_2$复盐发生分离而形成了铀的沉淀。受扩散作用影响，水中的铀趋向于向水岩作用相对强烈地段迁移，从而促使铀在特定的层位集中、富集。同时，斜长石因水岩作用（溶解、溶蚀等）在解理面及表面形成了次生的缝隙及孔洞等，为铀沉淀提供了空间。成岩后，含CO_3^{2-}、SO_4^{2-}等的酸性地表水沿层间下渗，溶解了砂岩中碳酸盐胶结物而形成溶洞，为后期再次迁移的铀提供了沉淀空间，并形成了铀的进一步叠加、富集（王凤岗等，2018）。

二、还原障作用

塔木素铀矿床铀矿物的沉淀与砂体中的有机质（碳屑、植物碎屑等）、黄铁矿和黏土矿物等有关（图6-17、图6-18）。

有机质为铀的重要还原介质和吸附剂（图6-18），矿床巴音戈壁组上段沉积期扇三角洲平原、前缘分流河道带来的丰富的陆源植物碎屑为铀成矿作用提供了良好的还原环境。

砂岩中长石等矿物的黏土化，使得铀吸附于长石等矿物的表面或孔洞中。长石等矿物的黏土化形成的孔洞为黄铁矿的发育和铀矿物等的沉淀提供了空间（图6-18c、d）。

黄铁矿是砂岩型铀矿床中最普遍、最为重要的矿物，为铀的沉淀提供了还原介质。在扇三角洲分流河道砂体中局部可见细晶状和团块状的黄铁矿，主要分布于长石的溶蚀孔洞、表面及微裂隙，植物碎屑裂纹和植物胞腔内（黄铁矿交代植物胞腔）（图6-18e）。

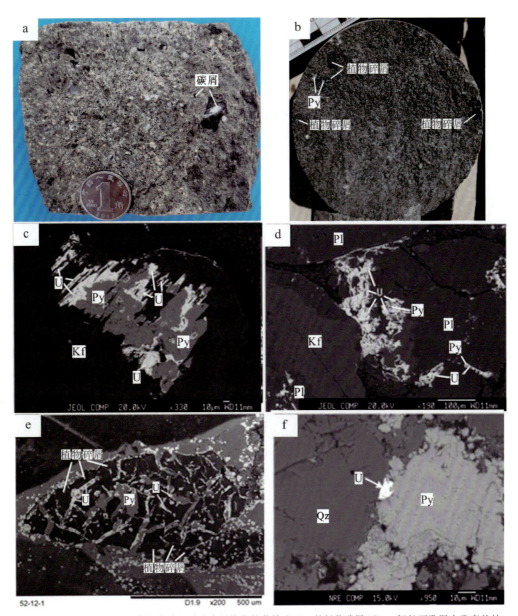

a. 含砾粗砂岩中碳屑（C）；b. 灰绿色中细砂岩中团块状的黄铁矿（Py）的板状碳屑（C）；c. 钾长石孔洞中发育的铀，孔洞中见半自形—他形黄铁矿（Py）；d. 砂岩中钾长石（Kf）和斜长石（Pl）粒间分布的沥青铀矿（U），局部围绕黄铁矿（Py）分布，斜长石裂隙内（右下角处）见沥青铀矿，电子探针背散射图像；e. 植物碎屑裂隙中发育的沥青铀矿（U），裂缝中同时见他形黄铁矿（Py）；f. 沥青铀矿（U）分布于石英（Qz）与黄铁矿（Py）之间，黄铁矿呈粒状

图 6-18　塔木素铀矿床还原介质及其与铀矿化的关系

塔木素铀矿床砂岩和泥岩富有机质、黄铁矿以及沥青等，灰色砂岩中有机碳平均含量为 0.38%，灰色泥岩中有机碳平均含量高达 1.03%，远高于其他类型岩石中的有机碳含量；又如 ZKH80-47 号钻孔在灰色碎裂含沥青泥灰岩矿石裂隙中充填沥青。这些有机质以及石油沥青在缺氧条件下产生的大量烃类沿构造或可渗透岩层运移，在异地形成还原障，对其围岩产生还原作用，促进铀元素沉淀析出成矿。

通过对分流河道内黄色氧化砂岩、灰色含矿砂岩和暗色泥岩进行取样可知，灰色含矿砂体、暗色泥岩中有机碳、S、CO_2、ΔEh 和 Fe^{2+} 平均含量均高于黄色氧化砂岩，表明暗色泥岩和灰色含矿砂岩具有更高的还原容量，有机质和 S 为铀成矿提供了直接还原介质。

第七章 矿床成因及成矿模式

塔木素铀矿床为早期层间氧化作用和后期热液叠加改造作用形成的复成因铀矿床，仍归属于层间氧化带型铀矿床。沉积期发育铀预富集，沉积期后发育层间氧作用形成铀的富集成矿，后期热液叠加改造作用形成铀的进一步富集，同时使含矿砂岩固结程度较高。

一、铀成矿规律

塔木素铀矿床位于巴音戈壁盆地因格井坳陷北东缘。该地区属于隆坳结合部，早-中侏罗世以来经历了2次伸展发育与3次挤压隆升剥蚀。在断陷伸展期，塔木素铀矿床古水动力充沛，自北西向南东发育较具规模的扇三角洲沉积体系，其中扇三角洲平原亚相中叠置发育多期分流河道，分流河道由盆地边缘到盆地内逐步演化为扇三角洲前缘亚相的水下分流河道，河道规模逐渐变小，下部侧向加积，上部垂向加积，整体构成倒粒序与正粒序叠加，形成厚达260m的砂岩垛体。多旋回的沉积充填在垂向上构成"泥-砂-泥"地层结构，同时在分流河道砂体及水下分流间湾、前扇三角洲等沉积部位发育碳屑、黄铁矿等还原介质。巴音戈壁沉积期，在充足的物源、铀源补给以及良好的古水文地质条件下，塔木素铀矿床发育铀预富集。沉积期后，塔木素地区发育多次构造隆升与剥蚀，造成目的层巴音戈壁组上段上覆岩层被大量剥蚀，目的层砂体直接出露地表，便于地表成矿流体沿砂体向凹陷内运移，同时反转构造带来深部的热源以及油气等还原介质，形成更大规模的层间氧化还原过渡带以及铀矿体。

塔木素铀矿床主要受层间氧化作用和有机质、深部流(气)体控制。矿床主要发育于砂体比较好的扇三角洲平原分流河道、扇三角洲前缘水下分流河道中，铀矿体主要产于氧化砂岩与灰色砂岩界面、氧化还原过渡带中(图7-1、图7-2)。砂岩型铀矿体发育于扇三角洲分流河道与河口坝、席状砂等沉积微相中，产于不等粒的(含砾)中砂岩、粗砂岩与部分细砂岩中，砂岩型矿石往往层理构造比较发育，浸染状褐铁矿化、赤铁矿化，以及细晶状、立方体状黄铁矿与条块状碳屑，受氧化还原作用控制明显。同沉积泥岩型铀矿化受早白垩世巴音戈壁组上段第二岩段沉积作用的控制，泥岩的吸附作用较强，铀富集明显，形成泥岩型铀矿体。矿床及周边铀矿体主要受层间氧化作用、地层结构、有机质控制。

二、矿床成因

塔木素铀矿床成因主要包括两个方面：一是早期层间氧化作用成矿；二是后期热液叠加改造作用，使铀进一步富集成矿。

1. 早期层间氧化作用成矿

早白垩世巴音戈壁期，塔木素地区三角洲分流河道下切作用强烈，扇三角洲分流河道较稳定，继承性较明显，河道垂向叠置，形成了厚大的砂体，为铀成矿奠定了基础。在断陷盆地背景下发育的"泥-砂-泥"地层结构，构成了后期铀成矿的有利铀储层。聂逢君等(2019)对矿床铀矿石进行U-Pb测年，获得3件样品的 $^{206}Pb-^{238}U$ 表观年龄为 $(115.5\pm1.5) \sim (109.7\pm1.5)$ Ma；夏毓亮(2019)对矿床铀矿石进行U-Pb同位

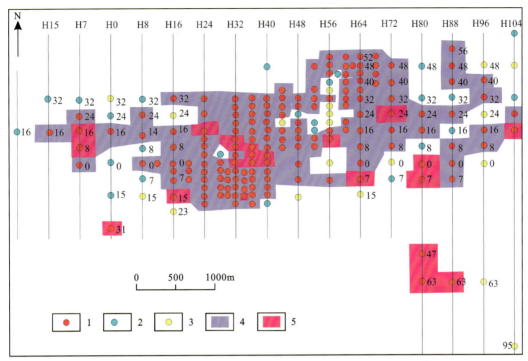

1.工业铀矿孔;2.铀矿化孔;3.铀异常孔;4.砂岩型铀矿体;5.泥岩型铀矿体

图 7-1 塔木素铀矿床矿体类型平面分布图

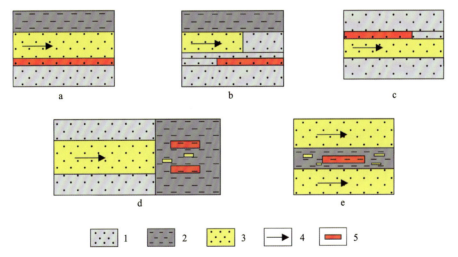

a~c.砂岩型铀矿体氧化带、储层结构模型;d、e.泥岩型铀矿体氧化带模型;1.砂岩;2.泥岩;3.氧化砂岩;
4.含铀含氧水及运移方向;5.铀矿体

图 7-2 塔木素铀矿床氧化带、铀储层及铀矿体成因模型

素测年,获得 5 件样品的 U-Pb 等时线年龄为(125±5)Ma。早白垩世[(125±5)Ma],伴随着下白垩统巴音戈壁组上段的沉积,铀在地层中发生预富集;在早白垩世中晚期[(115.5±1.5)~(109.7±1.5)Ma]巴音戈壁组沉积后,盆地发生构造反转,宗乃山抬升,巴音戈壁组上段地层局部被剥蚀,层间氧化作用持续扩大,在矿床局部形成厚大铀矿体。

巴音戈壁组上段扇三角洲平原沼化洼地、扇三角洲前缘水下分流间湾以及前扇三角洲发育了富还原介质(植物碎屑、黄铁矿等)的灰色细碎屑岩,在铀元素沿氧化砂体不断前移的同时,通过吸附等作用逐步形成铀矿化体与铀矿体,并在后期热液叠加改造过程中更加富集。

2. 后期热液叠加改造作用

在巴音戈壁组上段沉积后,由于盆地的地温梯度高,盆地南部因格井凹陷发育较强烈的热水喷流作用(向龙等,2019),大量含 CO_2、Mg^{2+}、Ca^{2+}、H_2S、Ba^{2+} 等的热水向巴音戈壁组上段的软沉积物砂体中渗流,同时渗流的流体溶解了地层中的 S、Fe、U、Pb、Zn、Se 等元素。

砂岩孔隙流体中的 H_2S 在温度高于 140℃ 的情况下,可以与砂岩中的 Fe、Pb、Zn 等发生反应,生成黄铁矿等硫化物。下白垩统巴音戈壁组沉积后,伴随着恩格尔乌苏玄武岩的喷发盆地内具有高的地温梯度(高达 200℃),盆地流体中的 H_2S 与砂岩中的 Fe、Pb、Zn、Cu 等发生反应,形成金属硫化物。沉积期的砂岩由于未固结(少量的杂基),具有较大的孔隙度和渗透率,以黄铁矿为主的金属硫化物充填于砂岩的孔隙中。在高热流的盆地内,温度高达 150~260℃(Zhang et al.,2017),在下白垩统巴音戈壁上段沉积的后期,气候逐渐转为炎热干旱,同时伴随着地层中形成大量的石膏等蒸发岩,蒸发形成的石膏等蒸发岩提供了大量的 SO_4^{2-},提供了大量的硫源,化学反应过程如下:

$$Ra(CH_2O)_2 + SO_4^{2-} = Ra + 2HCO_3^- + H_2S(Ra \text{ 为碳链})$$

$$7H_2S + 4Fe^{2+} + SO_4^{2-} = 4FeS_2 + 4H_2O + 6H^+$$

$$4HCO_3^- + 2Ca^{2+} + 2Mg^{2+} = MgCa(CO_3)_2 + 4H^+ (\text{白云石沉淀})$$

早白垩世晚期以来,宗乃山的隆升和盆地的间歇性沉积期及软沉积物变形阶段深部喷流来源的含 Ca^{2+}、Mg^{2+} 的热卤水与表生的含铀含氧水及携带的 CO_3^{2-}、SO_4^{2-}、U^{6+}、REE 等和碳酸铀酰离子发生氧化还原反应(较冷的富氧流体与还原性强的热水流体混合),使得碳酸铀酰离子解离,生成黄铁矿、闪锌矿、方铅矿、Fe-Ti 氧化物、含硒的硫化物、白云石和铀矿物等。随着黄铁矿的形成,砂岩的孔隙流体为弱碱性的还原环境,碳酸铀酰离子的解离使得铀和白云石沉淀,同时黄铁矿大量生成,即铀与黄铁矿等金属硫化物几乎同时形成。该时期的主要特点为发育了大量的自形—半自形和分散浸染状黄铁矿,在黄铁矿和植物碳屑的还原作用下导致矿质沉淀。

三、成矿模式

根据塔木素铀矿床成矿特征、成矿要素及成因分析,可将塔木素铀矿床成矿作用过程划分为铀预富集和同生沉积型铀成矿、早期层间氧化作用铀成矿、中期热沉降阶段、晚期层间氧化作用铀成矿、热流体叠加作用改造 5 个阶段。为进一步突出沉积体系与铀成矿关系,在分析矿床地层层序和沉积充填对铀矿化的控制作用等基础上,建立了塔木素矿床层序-扇三角洲铀成矿作用模式(图 7-3)。

1. 铀预富集和同生沉积型铀矿形成阶段(图 7-3a)

根据塔木素铀矿床赋矿层巴音戈壁组上段微量元素亏损场特征、碎屑物成分及特征、沉积体系空间发育规律、矿床与宗乃山隆起空间耦合关系等,矿床巴音戈壁组上段碎屑沉积物基本来自北侧蚀源区宗乃山富铀花岗岩。不同时代花岗岩铀含量高低不同,加里东晚期侵入岩平均铀含量为 $(2.3\sim3.3)\times10^{-6}$,海西期侵入岩平均铀含量为 $(3.0\sim4.5)\times10^{-6}$,在盆地沉积过程中形成富铀碎屑物,为巴音戈壁组上段铀的原始富集和同生沉积型铀矿化奠定了铀源基础。

巴音戈壁组上段不同沉积环境下的灰色沉积物是形成富铀地层的物质基础。扇三角洲平原分流河道和前缘分流河道沉积过程中,来自蚀源区富铀碎屑物形成了河道沉积砂体,灰色河道沉积砂岩中含有大量的炭化植物碎屑、黄铁矿和腐殖层等还原介质,对铀具有吸附作用,有利于铀的预富集,形成富铀地层。扇三角洲前缘分流河道砂体中的还原介质应丰富于平原分流河道,铀的初始富集程更高。扇三角洲平原分流河道间湾沼化洼地及前缘湖沼洼地的泥质沉积物中,也富含有机碳、炭化植物碎屑、黄铁矿等还原介质,在沉积过程中富含还原介质泥质沉积物具有较高的吸附作用,形成铀的初始富集,甚至形

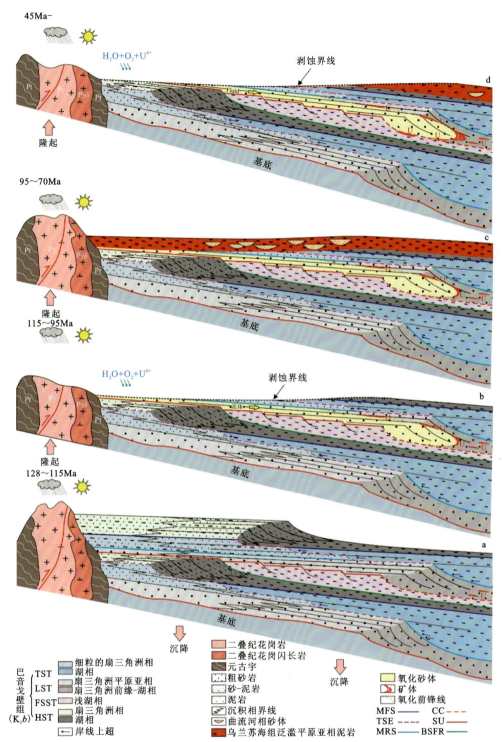

a. 128～115Ma，在巴音戈壁组下段退积型体系域（FSST）的基础上，发育了巴音戈壁组上段低位体系域（LST）、湖侵体系域（TST）和高位体系域（HST），同时铀预富集；b. 115～95Ma，受西伯利亚板块的影响，北部坳陷带恩格尔乌苏断裂活动（伴随玄武岩的喷发），宗乃山-沙拉扎山隆升，巴音戈壁组上段顶部高位体系域和湖侵体系域在凹陷边缘剥蚀，形成剥蚀窗口，含铀含氧水向盆地内运移与凹陷内扇三角洲砂体中的还原介质发生氧化还原反应，形成铀矿化；c. 95～70Ma，凹陷发生热沉降，在顶部发育了上白垩统乌兰苏海组曲流河-泛滥平原沉积；d. 45Ma 至今，盆地受印度板块和太平洋板块挤压的远程效应影响，构造反转抬升，使得上白垩统乌兰苏海组被剥蚀，形成剥蚀窗口，含铀含氧水向盆地内运移，与扇三角洲砂体中的还原介质等发生氧化还原反应，形成铀矿化；BSFR. 强制水退的底界面；CC. 整合界面；MRS. 最大水退面；TSE. 湖侵侵蚀面；MFS. 最大洪泛面

图 7-3　塔木素铀矿床含铀岩系扇三角洲沉积-成矿作用模式

成同生沉积型铀矿化，矿床泥岩型铀矿化主要在该阶段形成。铀的预富集和同生沉积型铀矿化也可以发生在巴音戈壁组上段沉积后的成岩期，成岩期压实作用排出的孔隙水与渗入的地表水引起铀的预富集。

2. 早期层间氧化作用铀成矿阶段（图 7-3b）

巴音戈壁组上段沉积后，受西伯利亚板块的影响，北部坳陷带恩格尔乌苏断裂活动（伴随玄武岩的喷发），宗乃山-沙拉扎山抬升，使得巴音戈壁组上段顶部高位体系域和湖侵体系域在凹陷边缘剥蚀，形成剥蚀窗口，为蚀源区富铀岩体铀的活化及含氧含铀水向盆地渗入创造了有利的构造条件。在该成矿阶段，不仅有主要来自宗乃山富铀花岗岩体的铀源，而且有来自地层本身预富集的铀源。

巴音戈壁组上段发育低位体系域、湖侵体系域和高位体系域（图 7-3、图 7-4）。其中，在低位体系域（LST），扇三角洲平原和前缘分流河道砂体具有好的物性特征（好的渗透率和孔隙度），具有适当的砂体厚度，同时具有区域隔水层（图 7-4），具有形成层间氧化作用的理想"泥-砂-泥"地层结构条件。

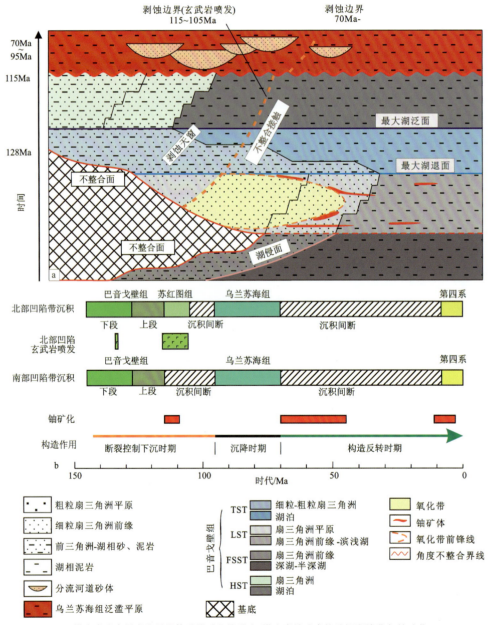

a. 塔木素矿床层序地层及体系域时空关系；b. 塔木素铀矿床构造沉积演化与铀矿化

图 7-4　塔木素铀矿床等时地层、相带展布、构造演化及铀矿化发育

（数据来源于 Zuo et al.，2015；Chen et al.，2019；刘波等，2020）

宗乃山-沙拉扎山抬升和巴音戈壁组上段长期暴露地表并遭受风化剥蚀，古气候逐步转变为干旱—半干旱，尤其在塔木素铀矿床北部更靠近盆地边缘部位，巴音戈壁组上段直接暴露地表时间更长。所以，从巴音戈壁组上段沉积后抬升剥蚀，一直至晚白垩世乌兰苏海组曲流河-泛滥平原沉积之前，该阶段是层间含氧含铀水的主要渗入作用阶段之一，也是铀的主要沉淀和富集成矿阶段之一。来自蚀源区的含氧含铀水沿巴音戈壁组上段扇三角洲分流河道砂体向下渗透，形成顺沿河道砂体由北向南为主运移的含氧含铀层间水，同时层间水在砂岩层运移过程中将其预富集的铀不断淋出，铀随着含氧水不断向前运移。

地层中富含炭化植物碎屑、黄铁矿和有机碳等部位组成岩石还原地球化学障，在铀成矿作用过程中起到了还原剂的作用，必然阻止了层间氧化作用的进一步向前发展。另外，在巴音戈壁组上段下降体系域（FSST）发育期，盆地边缘侵蚀（形成不整合面），使得蚀源区基底沉积物（花岗岩和前中生代地层）快速堆积到湖盆中心，形成暗色富有机质的泥岩，同时在盆地边缘形成不整合面，在盆地内形成相对应的整合面，湖沼相富有机质泥岩与上覆低位体系域扇三角洲分流河道砂体直接接触。在泥岩沉积压实过程中，暗色泥岩中的还原性孔隙流体向上运移，为后期铀成矿提供了还原介质。随着层间氧化作用的不断进行和铀沉淀的日积月累，逐步形成铀的富集成矿，形成了塔木素铀矿床。铀成矿时间为早白垩世末—晚白垩世，同位素 U-Pb 测定年龄为(109.7±1.5)～(70.9±1.0)Ma。

低水位系域扇三角洲砂体向盆地内运移，形成了大规模高品位的铀矿化（图 7-4）。扇三角洲平原分流河道砂体物性特征较扇三角洲前缘分流河道差，但砂体规模大，且具有一定的砂体厚度、有机质和还原 S，具有区域隔水层，形成大规模、低品位铀矿化。扇三角洲前缘分流河道砂体具有一定厚度，砂体规模较扇三角洲平原小，但砂体孔隙度和渗透率较扇三角洲平原分流河道砂体好，在具有隔水层的条件下，形成高品位的铀矿化。湖侵体系域（EST）主要形成区域隔水层，主要发育小型的扇三角洲分流河道砂体，砂体物性较差，形成的大部湖相泥岩构成区域隔水层。高位体系域（HST）发育一定规模的扇三角洲前缘分流河道砂体，但砂体中还原介质较少，同时在体系域顶部遭受了抬升剥蚀，缺少区域的隔水层，难以形成铀矿化。

早白垩世中晚期（115～105Ma），盆地受滨西太平洋的挤压（南西-北东）和西伯利亚板块的挤压（北西-南东），区域伸展强烈（Zuo et al., 2015），伴随着早白垩世中晚期玄武岩[(115±1.5)～(106.48±1.32)Ma]的喷发（苏红图组沉积期）（钟福平等，2014），北部盆地带强烈断陷，宗乃山-沙拉扎山隆起和盆地南部抬升（刘波等，2020）。该时期伴随着强烈伸展和岩石圈的减薄，上涌的地幔物质带来大量的热，该时期盆地内地温梯度达到最大（Zuo et al., 2015）。该时期盆地存在长约 10Ma 的沉积间段[乌兰苏海组沉积期为 95～65Ma（Zuo et al., 2015）]，伴随盆地的抬升增热，盆地深部暗色泥岩含铀孔隙流体向盆地边缘渗流，下降体系域从底部到顶部水饱和度逐渐升高（Hu et al., 2019），同时顶部泥岩具有高的伽马异常。盆地内渗入的含铀含氧水与砂体中还原介质（炭化植物碎屑、黄铁矿等）及底部泥岩或逸散的还原性流体发生氧化还原反应形成铀矿化。

同时在晚白垩世随着热水喷流作用的发生，泥岩中的 S、C、Mg、Ca、Fe、U、Pb、Zn、Se 等元素被淋滤萃取向低位体系域扇三角洲分流河道的砂体中渗流，使得矿石中发育方铅矿、闪锌矿等硫化物，以及硒铜镍矿、斜方硒铁矿、含硒黄铜矿、硒铅矿、硒铜蓝等富硒矿物，其中方铅矿往往与绿泥石共生，硒铜镍矿与硒铅矿是矿石中分布较多的硒矿物，往往呈细粒状与黄铁矿或其他硒的矿物共生，分布在矿物的边缘或裂隙中。

3. 中期热沉降阶段（图 7-3c）

晚白垩世（95～70Ma），盆地发生坳陷，热重力沉降，产生上白垩统乌兰苏海组曲流河泛滥平原沉积，将早白垩世剥蚀窗口覆盖，阻止了含铀含氧水向盆地内运移，铀成矿作用基本停止。

4. 晚期层间氧化作用铀成矿阶段(图 7-3d)

晚白垩世—古近纪[(45.4±0.6)Ma],随着构造应力场的反转,印度洋板块和太平洋板块的俯冲,盆地整体抬升,构造反转,使得晚白垩世乌兰苏海组(100~65Ma)(Zuo et al.,2015)及早白垩世巴音戈壁组上段高位体系域大部和湖侵体系域局部被剥蚀,在因格井凹陷北部形成大型剥蚀窗口。在干旱的气候条件下,含铀含氧水顺剥蚀窗口向盆地内运移。

新近纪[(12.3±0.2)~(2.5±0)Ma],随着印度洋板块向北东方向挤压,盆地仍处于整体抬升状态(刘波等,2020)。

晚白垩世—新近纪,盆地又一次整体抬升,巴音戈壁组上段再次长期暴露地表并遭受风化剥蚀,古气候更趋于干旱,又一次形成来自北侧宗乃山蚀源区含氧含铀水渗入,铀成矿作用在早白垩世末—晚白垩世铀成矿基础上继续进行,最终形成现在的塔木素特大型砂岩铀矿床。该阶段也是层间含氧含铀水的主要渗入作用阶段之一,是铀的主要沉淀和富集成矿阶段之一。

5. 热流体叠加改造作用阶段

热流体叠加改造作用主要发生在早白垩世晚期,一方面表现为造成目的层区域增温作用,另一方面表现为热事件带来的深部还原酸性流体的参与改变了成矿环境。热流体使地层中碳酸铀酰离子浓度增加,区域增温使有机质释放出大量的有机酸,提供了一定规模的酸化界面,进一步增强了酸碱转化作用,有利于发生大规模的铀沉淀;同时,伴随着深部含 H_2S、C、Fe、Pb 等成分的还原性流体加入,生成黄铁矿、方铅矿等金属硫化物,利于再次发生氧化还原作用,从而对早期形成的铀矿体进行二次改造和重新富集,造成局部铀矿体富集程度增高。热流体的出现,既为充分氧化带边缘的铀沉淀补充了还原剂,也改变了成矿环境,同时还固结了目的层,终止氧化流体的渗入,保存了铀矿体。

第八章 结 论

一、盆地构造背景及演化与铀成矿具有明显的响应关系

巴音戈壁盆地位于塔里木板块、哈萨克斯坦板块和华北板块等接合部位，与国内松辽盆地、二连盆地、鄂尔多斯盆地、吐哈盆地和伊犁盆地相比，处于复杂多变的区域构造背景，导致铀成矿构造背景和特征也有显著不同。巴音戈壁盆地前中生代由于古亚洲洋的南北向挤压碰撞形成了南、北分区和富铀程度不同的盆地基底。基底的含铀性决定了向盆地提供成矿物质铀的差异，影响了铀矿床的形成和产出。中生代是巴音戈壁盆地形成及充填演化阶段。三叠纪—早-中侏罗世，早期的伸展裂陷阶段形成了呈北东向展布的一系列地堑、半地堑凹陷，后期盆地区出现拉张和张扭应力状态时，陆续充填了陆相红色磨拉石建造、湖相为主的粗碎屑岩建造和含煤线陆源碎屑岩夹中基性火山岩建造。晚侏罗世，盆地处于挤压隆升剥蚀演化阶段，该时期挤压隆升和构造反转所产生的大面积剥蚀作用，先成的富铀花岗岩遭受强烈的风化剥蚀及准平原化，是白垩世盆地富铀建造形成的有利构造环境。早白垩世，盆地处于伸展裂陷盆地形成演化阶段，形成一系列北东东—北东向伸展断陷湖盆，广泛发育冲积扇-扇三角洲沉积、湖相沉积，碎屑岩的成分主要为富铀花岗岩，在潮湿期，三角洲平原河道砂体、湖相泥岩中铀预富集明显，形成盆地巴音戈壁组上段主要找矿目的层。早白垩世晚期盆地以强烈的伸展裂陷构造作用为特点，广泛发育的扇三角洲平原河道砂体沉积苏红图组，为盆地次要找矿层位。晚白垩世，盆地处于坳陷演化阶段，形成了大范围的乌兰苏海组红色碎屑岩沉积，不具备砂岩铀成矿的原生还原岩石地球化学条件。新生代，盆地处于挤压隆升剥蚀演化阶段，盆地强烈区域性抬升、坳陷边缘构造反转、逆冲断层掀斜作用和褶皱隆升造成了广泛的风化剥蚀作用，造成了蚀源区含氧含铀水的大面积向盆地的渗入作用。

二、层序地层与铀成矿关系

早白垩世早期，塔木素铀矿床巴音戈壁组下段顶部下降体系域（FSST）沉积后，盆地北部宗乃山-沙拉扎山隆起抬升，盆地迅速填平补齐，使得巴音戈壁组上段低位体系域（LST）超覆于巴音戈壁组下段下降体系域（FSST）之上，发育大规模的低位扇三角洲沉积。底部的低位体系域（LST）主要为进积型扇三角洲沉积，发育扇三角洲平原分流河道、扇三角洲前缘水下分流河道和滨浅湖泥岩。扇三角洲分流河道构成扇三角洲沉积的主体，相互连通的分流河道砂体构成良好的铀储层。铀矿体主要分布于低位体系域扇三角洲平原分流河道中，部分分布于扇三角洲前缘水下分流河道中，少量铀矿体位于高位体系域中。巴音戈壁组上段在低位体系域（LST）之上发育了湖侵体系域（TST）。伴随着基准面的抬升，主要发育了滨浅湖相粉砂质泥岩、泥岩等细粒沉积物，构成了低位体系域（LST）顶部有利的隔水层，构成了有利于层间氧化作用的"泥-砂-泥"结构。

三、铀储层砂体平面分布规律与铀成矿关系

塔木素铀矿床巴音戈壁组上段第一岩性段（K_1b^{2-1}）砂体主要发育在 H32—H104 线之间，砂体厚度呈近东西向带状展布，后生氧化作用强烈，基本不成矿。第二岩性段（K_1b^{2-2}—K_1b^{2-5}）砂体主要发育在 H8—H64 线以及 H80—H96 线之间，在一定程度上反映出朵体叠加发育的特征，由北西向南、南东呈指状分叉，其中砾岩厚度高值区被 3 个低值小区域分隔，代表着多期分流河道的分支复合特征，为分流河道砂体之间分流间湾或前缘泥发育的大致区域，是形成砂岩型矿体以及同沉积型矿体的最有利层位。第三岩性段（K_1b^{2-2}—K_1b^{2-5}）砂体普遍发育，砂体厚度向南、南东呈指状分叉，但延伸较短，在砂体厚度的高值区分叉中分布有泥岩厚度的中低值区，代表着前扇三角洲（滨浅湖）发育的大致区域边界，仅发育零星的同沉积泥岩型铀矿体。

四、沉积体系特征及与铀成矿关系

塔木素铀矿床巴音戈壁组上段第二岩性段是主要赋矿层位，主要发育扇三角洲平原和扇三角洲前缘。扇三角洲平原主要发育水上分流河道、分流间湾及决口扇等，以砂质砾岩或砾岩沉积为主。扇三角洲前缘是扇三角洲的水下部分，以河口坝砂体或水下分流河道砂体与扇三角洲前缘泥构成的互层沉积为特征。铀矿体主要产于扇三角洲分流河道中，部分产于扇三角洲前缘水下分流河道与河口坝砂体中，少量产于有机质发育的三角洲分流间湾与三角洲前缘泥中。铀矿体多分布于分流河道和分流间湾的接合部位及分流河道与前三角洲泥岩的叠置部位。

五、岩石地球化学特征及对铀成矿控制作用

塔木素铀矿床巴音戈壁组上段主要发育早期红色和后期黄色两种后生氧化，红色氧化砂体可见到原生灰色残留体，局部又被后期黄色氧化所改造。其中第二岩段氧化砂体厚度自北西向南东厚度逐渐变薄，氧化砂体比率展布特征与氧化砂体厚度展布特征具有一定的相似性，都反映出后生氧化作用，由北西向南东逐步减弱直至尖灭。矿床层间氧化带水平分带明显，其北部及北西部为强氧化带，南东部为还原带，中部氧化还原过渡带呈北东向带状展布。平面上铀矿体集中发育于氧化砂体厚度中等偏薄的区域，集中分布在层间氧化还原过渡带中。剖面上铀矿体主要产于氧化砂岩与灰色砂岩和灰色泥岩相邻部位，在分流河道与河口坝砂体中形成砂岩型矿体，在水下分流间湾及前缘泥中形成泥岩型矿体，均与砂体中氧化流体及暗色泥岩中还原介质密切相关。

六、矿体特征

塔木素铀矿床矿体的空间展布特征与扇三角洲分流河道砂体规模、地下水补径排条件以及层间氧化带的空间展布特征密切相关。平面上矿体总体呈近北东东向、东西向带状展布，剖面上矿体主要为多层板状，少许为透镜状。矿床中部多为多层"泥-砂-泥"结构，使得在富还原介质的灰色砂体界面附近形成多层砂岩板状矿体，在水下分流间湾沉积细碎屑岩中发育部分泥岩型矿体。零星铀矿体主要发育于靠近北西部氧化发育强烈的部位和南东部前扇三角洲，以透镜状居多。总体上矿床由北西向南东，主要矿体发育规模先增大后再减小，尤以 33-1 号主要矿体发育规模最大，埋深逐步变浅，赋矿岩性由砂岩逐步演变为砂岩夹泥岩，直至以泥岩为主，主要赋矿部位由扇三角洲前缘沉积体系渐变为前扇三角洲-滨浅湖沉积体系。上述特点反映出塔木素砂岩铀矿床与典型层间氧化带型砂岩铀矿床的不同，层序-扇三

角洲对铀成矿作用控制明显,反映出扇三角洲沉积体系与层间氧化带联合控矿的特点。

七、矿石特征

塔木素铀矿床砂岩型铀矿石一般为不等粒砂状结构,以孔隙式胶结和基底式胶结为主。铀成矿与砂岩的粒度并无直接的联系,碎屑物主要为石英、长石、岩屑,样品中植物碎屑常见。矿石中铀分布在矿物内部及周边、胶结物和植物碎屑内。矿石中铀主要以沥青铀矿、铀石和含钛铀矿物等独立矿物的形式存在,可见少量吸附态铀。沥青铀矿分布在石英与黄铁矿之间、黄铁矿中间和钠长石"溶蚀"的空洞内,铀石分布在草莓状黄铁矿中、斜长石颗粒边缘和钠长石矿物缝隙中,被黄铁矿包围。此外,矿石中发育部分方铅矿、闪锌矿等硫化物,以及硒铜镍矿、斜方硒铁矿、含硒黄铜矿、硒铅矿、硒铜蓝等富硒矿物,为热流体活动作用的产物。

八、铀成矿模式

塔木素铀矿床铀成矿作用主要是层间氧化作用成矿,其次为热流体叠加改造作用进一步富集成矿。塔木素铀矿床成矿作用过程划分为铀预富集和同生沉积型铀成矿、早期层间氧化作用铀成矿、热沉降阶段和后期层间氧化作用铀成矿、热流体叠加改造作用共 5 个阶段。宗乃山隆起富铀花岗岩为巴音戈壁组上段铀的原始富集和同生沉积型铀矿化奠定了铀源基础,巴音戈壁组上段不同沉积环境下的灰色沉积物是形成富铀地层的物质基础。巴音戈壁组上段沉积后,宗乃山-沙拉扎山抬升,为蚀源区富铀岩体铀的活化及含氧含铀水向盆地渗入创造了有利的构造条件。盆地发生热重力沉降,上部乌兰苏海组曲流河泛滥平原沉积使铀成矿作用基本停止。盆地再次整体抬升和构造反转,促使含铀含氧水顺剥蚀窗口向盆地内运移和铀成矿作用再次进行。热流体活动使得铀成矿作用进一步发展和铀矿化的叠加富集,铀与黄铁矿等金属硫化物充填于砂岩的孔隙中。

主要参考文献

蔡建芳,严兆彬,张亮亮,等,2018. 内蒙古通辽地区上白垩统姚家组灰色砂体成因及其与铀成矿关系[J]. 东华理工大学学报(自然科学版),41(4):31-38.

陈志鹏,任战利,崔军平,等,2019. 银额盆地哈日凹陷YHC1井高产油气层时代归属及油气地质意义[J]. 石油与天然气地质(2):354-368.

陈祖伊,陈戴生,古抗衡,等,2010. 中国砂岩型铀矿容矿层位、矿化类型和矿化年龄的区域分布规律[J]. 铀矿地质,26(6):321-330.

陈祖伊,周维勋,管太阳,等,2004. 产铀盆地的形成演化模式及其鉴别标志[J]. 世界核地质科学,21(3):141-151+177.

寸小妮,2016. 鄂尔多斯盆地北部纳岭沟地区砂岩型铀矿成矿年代学及其地质意义[D]西安:西北大学.

冯乔,秦宇,付锁堂,等,2016. 东胜铀矿砂岩中方解石富集及铀矿成因[J]. 高校地质学报,22(1):53-59.

苟学明,李万华,姬海军,等,2014. 巴丹吉林盆地沙枣泉铀矿床成矿特征与成矿模式[J]. 铀矿地质,30(1):7-13.

韩伟,卢进才,魏建设,等,2015. 内蒙古银额盆地尚丹凹陷中生代构造活动的磷灰石裂变径迹约束[J]. 地质学报,89(12):2277-2285.

侯树仁,李有民,门宏,等,2015. 内蒙古阿拉善右旗塔木素铀矿床H15—H96线普查报告[R]. 包头:核工业二〇八大队.

胡亮,吴柏林,2009. 东胜矿床稳定同位素地球化学特征及地质意义[J]. 河北工程大学学报(自然科学版),26(4):61-66+70.

黄净白,李胜祥,2006. 试论我国古层间氧化带砂岩型铀矿床成矿特点、成矿模式及找矿前景[J]. 铀矿地质,23(1):7-16.

黄世杰,1994. 层间氧化带砂岩型铀矿的形成条件及找矿判据[J]. 铀矿地质,10(1):6-13.

焦养泉,吴立群,荣辉,等,2012. 巴音戈壁盆地塔木素地区含铀岩系层序地层与沉积体系分析[R]. 武汉:中国地质大学;包头:核工业二〇八大队.

焦养泉,吴立群,杨生科,等,2006. 铀储层沉积学:砂岩型铀矿勘查与开发的基础[M]. 北京:地质出版社.

焦养泉,吴立群,荣辉,等,2021. 铀储层非均质性地质建模:揭示鄂尔多斯盆地直罗组铀成矿机理和提高采收率的沉积学基础[M]. 武汉:中国地质大学出版社.

焦养泉,吴立群,荣辉,等,2023. 中国北方重要盆地铀富集机理与成矿模式[M]. 北京:地质出版社.

焦养泉,吴立群,彭云彪,等,2015a. 中国北方古亚洲构造域中沉积型铀矿形成发育的沉积-构造背景综合分析[J]. 地学前缘,22(1):189-205.

焦养泉,吴立群,荣辉,2018. 砂岩型铀矿的双重还原介质模型及其联合控矿机理:兼论大营和钱家店铀矿床[J]. 地球科学,43(2):459-474.

焦养泉,吴立群,荣辉,等,2015b. 聚煤盆地沉积学[M]. 武汉:中国地质大学出版社.

焦养泉,周海民,庄新国,等,1998. 扇三角洲沉积体系及其与油气聚集关系[J]. 沉积学报,16(1):70-75.

康世虎,杨建新,刘武生,等,2017. 二连盆地中部古河谷砂岩型铀矿成矿特征及潜力分析[J]. 铀矿地质,33(4):207-209.

李群,包志伟,2018. 热液白云岩的研究现状及展望[J]. 大地构造与成矿学,42(4):699-717.

李思田,杨士恭,林畅松,1992. 论沉积盆地的等时地层格架和基本建造单元[J]. 沉积学报(4):11-22.

李思田,1996. 含能源盆地沉积体系:中国内陆和近海主要沉积体系类型的典型分析[M]. 武汉:中国地质大学出版社.

李思田,1988. 断陷盆地分析与煤聚集规律[M]. 北京:地质出版社.

李子颖,方锡珩,陈安平,等,2009. 鄂尔多斯盆地东北部砂岩型铀矿叠合成矿模式[J]. 铀矿地质,25(2):65-70+84.

李子颖,方锡珩,陈安平,等,2007. 鄂尔多斯盆地北部砂岩型铀矿目标层灰绿色砂岩成因[J]. 中国科学(D辑:地球科学),37(S1):139-146.

林锦荣,田华,董文明,等,2009. 松辽盆地东南部油气、煤层气后生蚀变硫同位素特征[J]. 世界核地质科学,26(2):63-67.

刘波,彭云彪,康世虎,等,2018. 二连盆地巴赛齐赛汉组含铀古河谷沉积特征及铀成矿流体动力学[J]. 矿物岩石地球化学通报,(2):316-325.

刘波,时志强,彭云彪,等,2020. 巴音戈壁盆地塔木素铀矿床地质特征及铀成矿模式研究[J]. 矿床地质,39(1):168-183.

刘波,杨建新,彭云彪,等,2017b. 二连盆地中东部含铀古河谷构造建造及典型矿床成矿模式研究[J]. 矿床地质,36(1):126-142.

刘波,杨建新,乔宝成,等,2017a. 二连盆地巴彦乌拉铀矿床控矿成因相特征及成矿规律研究[J]. 矿产勘查,8(1):17-27.

刘波,杨建新,乔宝成,等,2015. 腾格尔坳陷砂岩型铀矿控矿成因相特征及远景预测[J]. 地质与勘探,51(5):870-878.

刘波,杨建新,秦彦伟,等,2016. 二连盆地中东部赛汉组古河谷砂岩型铀矿床控矿成因相研究[J]. 地质与勘探,52(6):1037-1047.

刘波,李鹏,2018. 内蒙古巴音戈壁盆地及邻区铀矿资源调查评价与勘查[R]. 包头:核工业二〇八大队.

刘波,李鹏,张鹏飞,等,2018b. 巴音戈壁盆地及邻区铀矿资源调查与勘查[R]. 包头:核工业二〇八大队.

刘波,李毅,魏斌,2016. 内蒙古阿拉善右旗塔木素地区西南部浅层地震勘探报告[R]. 包头:核工业二〇八大队.

刘杰,2010. 巴音戈壁盆地塔木素铀矿床特征及铀来源探讨[R]. 南昌:东华理工学院.

刘武生,康世虎,贾立城,等,2013. 二连盆地中部古河道砂岩型铀矿成矿特征[J]. 铀矿地质,29(6):328-335.

刘溪,韩伟,魏建设,等,2017. 内蒙古银额盆地希热哈达地区中生代构造活动的磷灰石裂变径迹约束[J]. 地质学报,91(10):2185-2195.

罗毅,2009. 内蒙古巴音戈壁盆地砂岩型铀矿成矿条件分析及铀资源潜力评价[R]. 北京:核工业北京地质研究院.

聂逢君,陈安平,彭云彪,等,2010. 二连盆地古河道砂岩型铀矿[M]. 北京:地质出版社.

聂逢君,李满根,严兆彬,等,2015. 内蒙古二连盆地砂岩型铀矿目的层赛汉组分段与铀矿化[J]. 地质通报,34(10):1952-1962.

聂逢君,严兆彬,夏菲,等,2017. 内蒙古开鲁盆地砂岩型铀矿热流体作用[J]. 地质通报,36(10):1850-1865.

聂逢君,张成勇,张鑫,等,2019. 巴音戈壁盆地砂岩型铀矿成矿地质条件与潜力预测研究成果报告[R].包头:核工业二〇八大队.

聂逢君,张进,严兆彬,等,2018. 卫境岩体磷灰石裂变径迹年代学与华北北缘晚白垩世剥露事件及铀成矿[J]. 地质学报,92(2):313-329.

聂逢君,2012. 巴音戈壁盆地构造演化、沉积体系与铀成矿条件研究[D]. 上海:东华理工学院.

庞康,2018. 鄂尔多斯盆地北部砂岩型铀矿原位微区稳定同位素特征及其地质意义[D]. 西安:西北大学.

彭小华,曹惠锋,刘厚宁,2018. 鄂尔多斯盆地南部双龙地区铀成矿特征分析[J]. 世界核地质科学,35(1):8-15.

彭云彪,焦养泉,陈安平,等,2019. 内蒙古中西部中生代产铀盆地理论技术创新与重大找矿突破[M]. 武汉:中国地质大学出版社.

彭云彪,焦养泉,鲁超,等,2021. 二连盆地古河谷型砂岩铀矿床[M]. 武汉:中国地质大学出版社.

彭云彪,焦养泉,2015. 同沉积泥岩型铀矿床:二连盆地超大型努和廷铀矿床典型分析[M]. 北京:地质出版社.

乔海明,闫周让,章金彪,等,2011. 吐哈盆地十红滩铀矿床稀土元素地球化学特征浅析[J]. 地质论评,57(1):73-80.

阙为民,王海峰,田时丰,等,2005. 我国地浸采铀研究现状与发展[J]. 铀矿冶,24(3):113-117.

荣辉,焦养泉,吴立群,等,2016. 松辽盆地南部钱家店铀矿床后生蚀变作用及其对铀成矿的约束[J]. 地球科学,41(1):153-165.

史兴俊,张磊,王涛,等,2014. 内蒙古阿拉善盟北部宗乃山中酸性侵入岩年代学、地球化学及构造意义[J]. 岩石矿物学杂志,33(6):989-1007.

史兴俊,2015. 阿拉善北部宗乃山-沙拉扎山构造带构造属性及意义[D]. 北京:中国地质科学院.

宋子升,2013. 鄂尔多斯盆地杭锦旗砂岩型铀矿成矿年代学及其地质意义[D]. 西安:西北大学.

王飞飞,2018. 油气煤铀同盆共存全球特征与中国典型盆地剖析[D]. 西安:西北大学.

王凤岗,侯树仁,张良,等,2018. 巴音戈壁盆地南部塔木素铀矿床水岩作用特征及其与铀成矿关系研究[J]. 地质论评,64(3):633-646.

王凤岗,侯树仁,张良,等,2021. 塔木素铀矿床下白垩统巴音戈壁组含铀砂岩成岩特征及其与铀矿化关系研究[J]. 沉积学报,39(4):894-907.

王凤岗,侯树仁,张良,等,2021. 巴音戈壁盆地南部塔木素铀矿床铀赋存特征研究[J]. 铀矿地质,37(2):133-144.

王金平,2006. 层间氧化带中稀土元素的赋存特征初步研究[J]. 中国核科技报告,(1):200-209.

王香增,陈治军,任来义,等,2016. 银根-额济纳旗盆地苏红图坳陷 H 井锆石 La-ICP-MSU-Pb 定年及其地质意义[J]. 沉积学报,34(5):853-867.

吴柏林,魏安军,胡亮,等,2016. 内蒙古东胜铀矿区后生蚀变的稳定同位素特征及其地质意义[J]. 地质通报,35(12):2133-2145.

吴仁贵,蔡建芳,于振清,等,2011. 松辽盆地白兴吐铀矿床热液蚀变及物质组成研究[J]. 铀矿地质,27(2):74-80.

吴仁贵,徐喆,宫文杰,等,2012. 松辽盆地白兴吐铀矿床成因讨论[J]. 铀矿地质,28(3):

142-147.

夏毓亮,郑纪伟,李子颖,等,2010. 松辽盆地钱家店铀矿床成矿特征和成矿模式[J]. 矿床地质,29(S1):154-155.

夏毓亮,林锦荣,刘汉彬,等,2003. 中国北方主要产铀盆地铀矿成矿年代学研究[J]. 铀矿地质,19(3):129-136.

夏毓亮,2019. 中国铀成矿地质年代学[M]. 北京:中国原子能出版社.

向龙,刘晓东,刘平辉,等,2019. 内蒙古因格井坳陷湖相白云质泥岩地球化学特征及地质意义[J]. 高校地质学报,25(2):221-231.

姚益轩,侯树仁,谢廷婷,等,2015. 塔木素铀矿床含矿层地下水储集和渗流类型分析[J]. 东华理工大学学报(自然科学版),38(4):344-349.

易超,王贵,李平,2017. 鄂尔多斯盆地东北部直罗组黄铁矿硫同位素特征及其指示意义探讨[C]. 南昌:第八届全国成矿理论与找矿方法学术讨论会论文摘要文集.

于文斌,董清水,周连永,等,2008. 松辽盆地南部断裂反转构造对砂岩型铀矿成矿的作用[J]. 铀矿地质,24(4):195-200.

张成勇,2019. 内蒙古巴音戈壁盆地塔木素地区流体作用特征与铀成矿事件研究[D]. 武汉:中国地质大学(武汉).

张成勇,聂逢君,侯树仁,等,2015. 巴音戈壁盆地构造演化及其对砂岩型铀矿成矿的控制作用[J]. 铀矿地质,31(3):384-388.

张成勇,严兆彬,邓薇,等,2021. 巴音戈壁盆地塔木素铀矿床含矿砂岩成岩作用类型、演化序列及其对铀成矿的约束[J]. 地球学报,42(6):907-920.

张金带,2016. 我国砂岩型铀矿成矿理论的创新和发展[J]. 铀矿地质,32(6):321-332.

张明瑜,郑纪伟,田时丰,等,2005. 开鲁坳陷钱家店铀矿床铀的赋存状态及铀矿形成时代研究[J]. 铀矿地质,24(4):213-218.

钟福平,钟建华,王毅,等,2014. 银根-额济纳旗盆地苏红图坳陷早白垩世火山岩地球化学特征与成因[J]. 矿物学报,34(1):107-116.

朱西养,汪云亮,王志畅,等,2005. REE 地球化学在砂岩型铀成矿研究中的应用:以川北砂岩型铀矿床为例[J]. 地质论评,51(4):401-408.

BHATIA M,1983. Plate tectonics and geochemistry composition of sandstones[J]. The Journal of Geology,91(6),611-627.

BOHARI A D, HAROUNA M, MOSAAD A,2018. Geochemistry of sandstone type uranium deposit in tarat formation from Tim-Mersoi Basin in Northern Niger (West Africa):Implication on provenance, paleo-redox and tectonic setting[J]. Journal of Geoscience and Environment Protection,6(8):185-225.

CAI C, LI H, QIN M, et al.,2007. Biogenic and petroleum-related ore-forming processes in Dongsheng uranium deposit, NW China[J]. Ore Geology Reviews,32(1-2):262-274.

CATUNEANU O,2019. Model-independent sequence stratigraphy[J]. Earth-Science Reviews,188:312-388.

CATUNEANU O,2020. Sequence stratigraphy in the context of the 'modeling revolution'[J]. Marine and Petroleum Geology,116:104309.

CHEN Y, WU T R, GAN L S, et al.,2019. Provenance of the early to mid-Paleozoic sediments in the northern Alxa Area: Implications for tectonic evolution of the southwestern Central Asian Orogenic Belt[J]. Gondwana Research,67:115-130.

DAN W, LI X H, WANG Q, et al., 2014. An Early Permian (ca. 280Ma) silicic igneous province in the Alxa Block, NW China: A magmatic flare-up triggered by a mantle-plume[J]. Lithos, 204: 144-158.

DAN W, WANG Q, WANG XC, et al., 2015. Overlapping Sr-Nd-Hf-O isotopic compositions in Permian mafic enclaves and host granitoids in Alxa Block, NW China: Evidence for crust-mantle interaction and implications for the generation of silicic igneous provinces[J]. Lithos., 230: 133-145.

EARGLE D H, DICKINSON K A, DAVIS B O, 1975. South Texas uranium deposits[J]. AAPG Bulletin American Association of Petroleum Geologists, 59(5): 766-779.

FISCHER R P, 1970. Similarities, differences, and some genetic problems of the Wyoming and Colorado plateau types of uranium deposits in sandstone[J]. Economic Geology, 65(7): 778-784.

FLOYD P A, LEVERIDGE B E, 1987. Tectonic environment of the Devonian Gramscatho Basin, south Cornwall: framework mode and geochemical envidence from turbiditic sandstones[J]. Journal of the Geological society: 531-542.

HOU B H, JOHN K, Li Z Y, 2017. Paleovalley-related uranium deposits in Australia and China: A review of geological and exploration models and methods[J]. Ore Geology Reviews, 88: 201-234.

HU F, LI J G, LIU Z, et al., 2019. Sequence and sedimentary characteristics of upper Cretaceous Sifangtai Formation in northern Songliao Baisn, northeast China: Implications for sandstone-type uranium mineralization[J]. Ore Geology Reviews, 111: 102927.

KEEGAN E, RICHTER S, KELLY I, et al., 2008. The provenance of Australian uranium ore concentrates by elemental and isotopic analysis[J]. Applied Geochemistry, 23(4): 765-777.

LI Y N, SHAO L Y, HOU H H, et al., 2018. Sequence stratigraphy, palaeogeography, and coal accumulation of the fluvio-lacustrine Middle Jurassic Xishanyao Formation in central segment of southern Junggar Basin, NW China[J]. International Journal of Coal Geology, 192: 14-38.

LIU B, SHI Z Q, PENG Y B, et al., 2022. Sequence stratigraphy of the Lower Cretaceous uraniferous measures and mineralization of the sandstone-hosted tamusu large uranium deposit, North China[J]. Acta Geologica Sinica(English Edition), 96(1): 167-192.

LIU B, SHI Z Q, PENG Y B, et al., 2021. Geological characteristics, ore-forming fluids, and genetic models of uranium mineralization in superimposed basin and craton basin: a study on uranium-bearing basins in Xingmeng Area, North China[J]. Arabian Journal of Geosciences, 14(3): 1-34.

MARTINS-NETO M A, CATUNEANU O, 2010. Rift sequence stratigraphy[J]. Marine and Petroleum Geology, 27(1): 247-253.

NEMEC W, STEEL R J, 1988. Fan Deltas: Sedimentology and tectonic settings[M]. Glasgow: Blackie.

NESBITT H W, YOUNG G M, 1984. Prediction of some weathering trends of plutonic and volcanic rocks based on thermodynamic and kinetic considerations[J]. Geochimica et Cosmochimica Acta, 48(7): 1523-1534.

SALZE D, BELCOURT O, HAROUNA M, 2018. The first stage in the formation of the uranium deposit of Arlit, Niger: Role of a new non-continental organic matter[J]. Ore Geology Reviews, 102: 604-617.

SHI X J, WANG T, ZHANG L, et al., 2014b. Timing, petrogenesis and tectonic setting of the Late Paleozoic gabbro-granodiorite-granite intrusions in the Shalazhashan of northern Alxa: Constraints on the southernmost boundary of the Central Asian Orogenic Belt[J]. Lihos., 208-209:

158-177.

SHI X J, ZHANG L, WANG T, et al., 2014a. Geochronology and geochemistry of the intermediate-acid intrusive rocks from Zongnaishan Area in northern Alxa, Inner Mongolia, and their tectonic implications[J]. Acta petrologica ET mineralogical, 33(6):989-1007.

WRIGHT R J, 1955. Ore controls in sandstone uranium deposits of the Colorado Plateau[J]. Economic Geology, 50(2): 135-155.

WU L Q, JIAO Y Q, PENG Y B, et al., 2022. Uranium metallogeny in fault-depression transition region: A case study of the Tamusu uranium deposit in the Bayingobi Basin[J]. Journal of Earth Science, 33(2): 409-421.

ZHANG C, NIE F, JIAO Y, et al., 2019. Characterization of ore-forming fluids in the Tamusu sandstone-type uranium deposit, Bayingobi Basin, China: Constraints from trace elements, fluid inclusions and C-O-S isotopes[J]. Ore Geology Reviews, 111: 102999.

ZHANG L, LIU C Y, FAYEK M, et al., 2017. Hydrothermal mineralization in the sandstone-hosted Hangjinqi uranium deposit, North Ordos Basin, China[J]. Ore Geology Reviews, 80: 103-115.

ZHANG W J, 2017. Regional geological report of Wuliji Area (technical report)[D]. Wuhan: China University of Geosciences, Wuhan (in Chinese).

ZHAO L, CAI C, JIN R, et al., 2018. Mineralogical and geochemical evidence for biogenic and petroleum-related uranium mineralization in the Qianjiadian deposit, NE China[J]. Ore Geology Reviews, 101: 273-292.

ZHENG R, LI J, ZHANG J, et al., 2019. Early Carboniferous high Ba-Sr granitoid in Southern Langshan of Northeastern Alxa: Implications for accretionary tectonics along the Southern Central Asian Orogenic Belt[J]. Acta Geologica Sinica, 93(4): 820-844.

ZUO Y H, ZHANG W, LI Z Y, et al., 2015. Mesozoic and Cenozoic tectono-thermal evolution in the Chagan Sag, Inner Mongolia[J]. Chinese Journal of Geophysics, 58(4): 325-339.